◆はじめに◆

「教科書を読んでも、何を大事にしたらいいかがわからない」

「教科書通りに授業を進めても、子どもたちはわっていないみたい」

「子どもたちは、ノートになかなか書けない」

教科書通りまじめに授業に取り組んでいる先生方からは、こんな悩みを聞きます。その原因は、先生でも子どもたちでもありません。いろいろな事情から、教科書の内容や順序で、「大事なこと」が抜けているからです。

植物や昆虫の観察の授業で、「大事なこと」って何でしょう？

電気や磁石の授業で、絶対に「大事なこと」って何でしょう？

大事な中味を選ばずに、教え方ばかり工夫しても、子どもたちはすぐに飽きてしまいます。

もう一つの原因は、１・２年生の理科と社会科が廃止され、1992年から実施された生活科の存在です。生活科では理科をやるわけではないので、生物や物質などへの自然認識を獲得する素地が育っていません。ですから、観察してもその視点がわからず、したがって何をどのようにノートに書けばいいか、子どもたちは戸惑ってしまいます。ノートにすらすらと書けるようになるには、“書くに値する授業”が必要です※。

堀 雅敏

※　１・２年生の「生活科」で楽しく自然認識の素地を育てる授業については、本シリーズ１・２年生の巻をご覧ください。

目　次

編集担当：堀 雅敏

3年生の自然観察

―自然を豊かにとらえられる子どもに―

千葉県松戸市立小学校元教員
小笠原 千恵子

(1)ねらい

・自然を見つめ、働きかけ、その中で、生物の生命現象（食べる・成長する・ふえる）を探し、認識させる。
・自然への働きかけを身につけさせる。

《自然に働きかける学習とは》

1．目についたものをよく見てみようとする。
2．「もっと詳しく調べよう」「どうなっているのだろう」「不思議だな」と思った時自分の手を出して、さわったり、割ったりして調べるようになる。
3．道具を使えば、知りたいことが一層よく分かる。（虫めがね・ピンセット・ナイフなど）
4．「自分の考えを確かめたい」「もっとよく知りたい」「どうしてか分からない」時、継続観察や比較観察をしたり、人に尋ねたり、事典や図鑑で調べたりするようになる。
5．知ることの楽しさが分かってくる。（ますます積極的に生物に働きかけるようになる。）
6．すでに獲得した知識や方法を使う。

(2)実践内容

1．学期に1、2回全員で校庭を廻り、みんなで観察し、教室で持ち帰った物を文と絵に表す。
2．自然の事物や現象を見つけて、絵と文に表す。（週に1回の課題にする）
3．個々の作品を教室に掲示する。
4．みんなと共有したい作品を選んで印刷配布し、発表し、話し合う。（週1回）

作品を印刷し配布することで、その生物に関心を持ち、積極的に探すようになった。また自分の作品が取り上げられたいので、分かりやすくかくような工夫もするようになった。個々の作品にはよい所に線を引いて○をつけて共感し、コメントをつけた。コメントには、観察の視点をアドバイスもした。またその印刷物は家に持ち帰り、家の人にも読んでもらった。それにより、子どもたちの活動を知ってもらうと同時に、親子そろって自然に目を向けるようになった。

●書くときに指導することは

①実物より大きくかくこと
②全体をかくこと
③気がついたことを題にしてそれがわかるように絵と文で表すこと
④鉛筆で細かくかくこと（色はつけない。細かな部分が色でごまかされてしまいがちだから）

●どんな作品を選ぶか

①発見したことがかいてある
（発見したことを題にかかせる。視点がはっきりする）
②生物の生きている様子がかいてある
③五感を使って事実がそのままかいてある
④調べたことがかいてある

●話し合いでは

①分からないところを質問する
②いいところを認める
③自分の知っていることを教える

自然観察カードから

○同じものでも視点が違う

4月8日、クラス全員で校庭を廻り、かきたい植物を採ってきて教室で観察しながらかいた。

4月8日　花がむらさきのヒメオドリコソウ

ヒメオドリコソウのくきはつるつるして色は下のほうはむらさき色だけど、上にいくときみどりいろになっています。花はうすいむらさきでとりのかおみたいな花です。はっぱが上のほ

うがむらさきで下の方が緑です。ねっこは毛みたいです。(R.S)

4月8日ヒメオドリコソウ

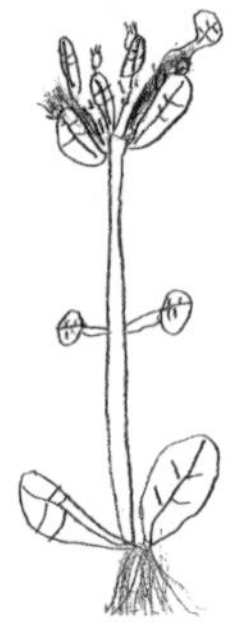

今日見つけたことはヒメオドリコソウのくきは切れにくいこととこの花は水を多くふくんでいることです。(H.H)

4月8日　ヒメオドリコソウの観察で見つけたこと

ヒメオドリコソウのくきをさわってみるとカリカリと言う音がでます。みどりの所をやりすぎるとべたべたのしるがでます。(H.N)

4月8日　ヒメオドリコソウ

ヒメオドリコソウはなぜかくきがかたい。それではが1つにあつまっている。はとくきが、じんわりじんわり色がかわっている。(A.D)

最初に取り上げた作品である。同じ植物をかいても子どもの視点が違う。Rさんはくきの色の変化や花の形を、H君はくきを折ろうとしたとき切れにくかったことや花に水を含んでいることをかいた。A君はくきがかたいことを、N君は折れたらしるが出たことを書いている。N君はかたいと書いていなくてもやりすぎて折れたという表現からかたいことが推測される。H君の「花は水を多く含んでいること」とH君の「茎からべたべたのしる」という表現からこれらの水分がどこから運ばれてきたか考えさせれば、根から取り入れていることに気づく。また葉が一つに集まっているとしか文では書かれていないが、絵を見れば下向きに同じ所から出ているのがわかる。だから絵に表したことをなるべく詳しく文にも書くよう指導する。こうした事実をみんなで読んで話し合うことで明らかにするとともにどのように表していけばよいかを学ばせる。さらに読み手に伝えたいことが何かをはっきりさせるために具体的な題を書き、その視点で絵や文に表すことを確認した（表現の仕方）。またH君のようにおったり、つぶしたりするなどいろいろ試して見るのもよいことを伝えた（観察の仕方）。こうして友だちの作品を読み合うことでどのように事実をとらえ、伝えていけばよいかを学んでいった。

ここで、葉、茎、根、花、実、種などの言葉を確認し、全体を観察するように伝えた。なるべく絵が大きく描けるようにＡ４用紙の表に絵を、裏に文字を書けるよう題と月日と記名する箇所と罫線を印刷した物を用意した。（Ｂ４用紙でもよいが教室掲示を考えて）本来は個人にノート１冊を用意してかかせると自分の書いた物を振り返ることができてよいが、コメントを入れたり印刷をしたりしやすいのでこの方法をとった。観察し終わってもバケツにその草花を入れておくと花から実になるなど変化を見ることができた。

○絵や文を手がかりに実物を見ながらみんなで学ぶ

4月15日 ハートの葉

わたしはナズナの葉のハートがどうしてハートの形なのかふしぎです。上の方に葉がいっぱいありました。花は小さかったです。(O.M))

ナズナの実を葉だと思っていたが、その絵にはハート以外の葉の他にも違う形の葉がかかれていた。ではこのナズナには２種類の葉があるのかみんなに聞き、実物を観察した。するとハート形の葉は割れることができた。その中には小さな粒が並んでおり、これらは種であり、ハート形の葉は実であることが確かめられた。また絵ではハートの実が上に行くほど小さくなって描かれており、このことも文に表すように指導した。また小さい花は虫めがねを使うと便利なので、全員に持たせていつも観察に活用した。

○伝えたいことを題にかく

5月1日　ねっこは強い

ぼくが見つけたのは、カラスノエンドウです。ねっこは強くてゆびで引っぱっても全ぜん切れなくてびっくりしました。葉っぱはまん中に一本線があってその左右にしゃ線のような線がありました。くきや葉っぱが多すぎてあんまりまん中のくきが見えませんでした。花の色はむらさきでちゃんとさいているものは一りんだけでした。葉っぱの上にはうずまきのような形をしたくきがあって、ひげのような形のものもあればピンピンに伸びている形のもありました。(T.K)

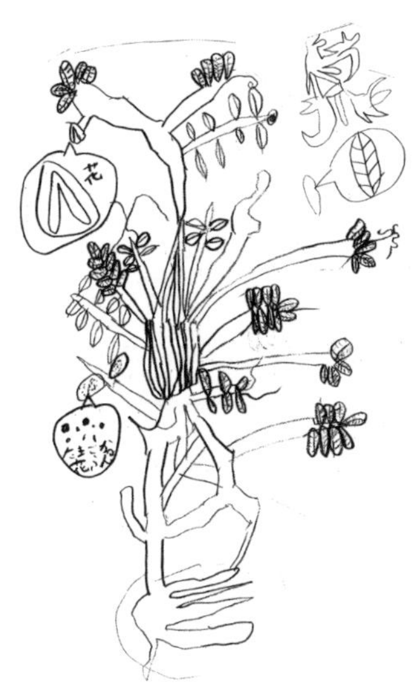

実をつけても倒れないようにつるで巻きついたり、根が丈夫だったり成長に必要な工夫を植物もしていることに気がついた。茎を調べる子、根を調べる子、花の作りを調べる子それぞれこだわりを持って観察した。

5月20日　めしべとおしべが出ている

ぼくはめしべとおしべが出ている植物を見つけました。そのめしべとおしべは半分ずつついていました。上がめしべで下がおしべです。葉はけっこう大きいです。

この植物はねっこが土にかぶっていてみえないくきからはえています。この植物の葉は虫に食べられている所もあります。花びらは４枚です。くきを切ってみました。つまっていました。調べてみたらどくだみ草でした。(N.H)

5月28日　はれ　ドクダミ

ドクダミのにおいは、どくとくのにおいです。高さは20～50cmです。はんひかげにはえています。

ドクダミのめしべとおしべはいっぱいはえていてよくわかりませんでした。花がさいていたのとさいていないつぼみもありました。(K.M)

授業で花のつくりをアブラナで観察した後、花のつくりにも目を向けるようになった。飛び出ているところが花で、花びらと思われるところは苞であることもKさんの作品で確認した。「ねっこが土にかぶさってみえないくき」というのは地下茎で、そこから芽を出しているのに気がついたのだ。また葉が虫に食われている様子から植物と動物の関わりに気づいており、動物の形跡などもきちんと見るように言った。「日の当たらない所で見つけた」という作品も取り上げ、育つ環境をも意識させた。「茎を切ったら、つまっていた」というのはハルジオンやタンポポの茎が空洞だったことを友だちの作品で知っていたからだ。こうして読み合う中でどのように植物を観察し、かいていけばよいかを学んで

いった。植物の名前など教師が教えるのではなく教室にいろいろな図鑑を置いておき自分たちで調べるようにすると進んで図鑑を手に取るようになった。

『野外観察ハンドブック　新　校庭の雑草』(全国農村教育協会)は何冊かおいておくとよい。

○生物を飼育観察することで認識する

自然の中で動物の生活を見続けるのは大変である。動物の活動が見られる頃、全員で校庭を廻り、動物探しを行った。まず見られたのはダンゴムシ、テントウムシの幼虫、そしてチョウの卵や幼虫だった。こうした物を教室に持ち込んで飼育を始めた。

○たまご→幼虫→さなぎ→成虫と変わる

6月17日　さなぎになった

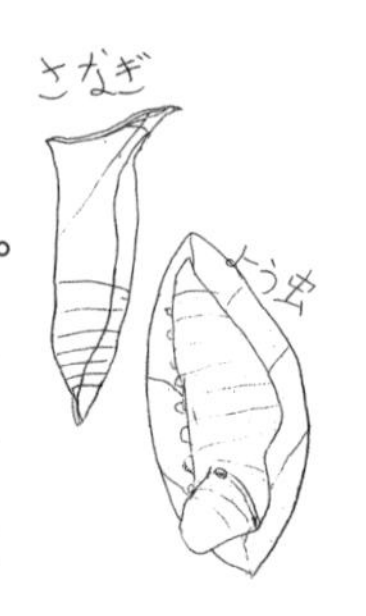

ぼくはアオスジアゲハのよう虫とさなぎをかんさつしました。よう虫の色はみどりです。これがきみどりになるとさなぎになると友だちがいっていました。そして葉を食べる時はカリカリと音が聞こえます。ぼくはこのよう虫を学校のくすの木で見つけました。そしてこのまえべつのアオスジアゲハのよう虫がさなぎになりました。色はきみどり色です。よう虫が5分ぐらいの間でだいたい1cmぐらい食べました。あとようちゅうは葉のうらから食べていました。(K.K)

この作品では食べる様子が詳しく書いてある。他の作品でも成長するにつれて食べる量が増えることやふんの大きさが大きくなっていくことがかかれた。

教科書で取り上げられているモンシロチョウとアゲハチョウの飼育だけでなく、どんな動物でも取り上げるようにしたら、K君が図鑑でアオスジアゲハの絵を示し、どこにいるのか聞いてきたので、クスノキにいることとその木のある場所を教えると幼虫を見つけてきてこの記録文になった。すると他の子どももその発見場所を教えてもらい探し始めた。このように発見場所や変化の仕方などいろいろな情報を教え合うことで仲間のつながりは深まった。そしてどの子どもも幼虫を探し育てることがブームになった。

4月13日　ガのさなぎのかたちはおもしろい

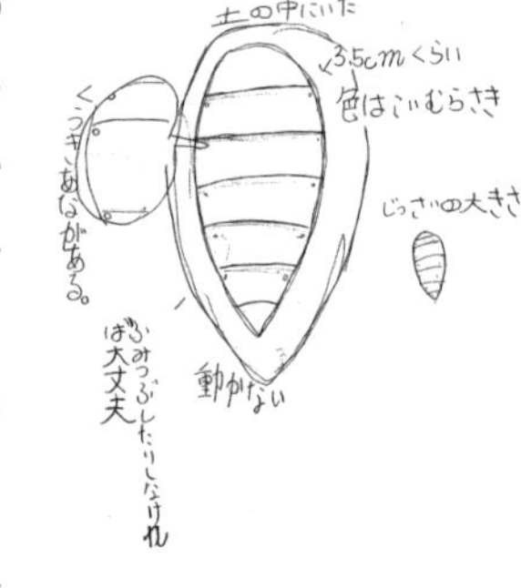

ぼくは公園でガのよう虫を見つけました。何のしゅるいかわからないけどかんさつしてみました。

大きさは3.5cmで色はこいむらさきでした。土の中にいました。すじがありました。すじの下にこきゅうするあながありました。さわってもまったく動きませんでした。あとガのさなぎは体がとてもかたいのでさわってもだいじょうぶです。ただしふみつぶしたりするとかんたんに死んでしまいます。(M.M)

チョウとガを飼育し見比べることにより、糸を張るのは羽を広げるためで、羽が上向きについているのはその必要がないことや体の固さの違いから環境との関わりに気づいた。またすじの下のあながあることで、土の中でも呼吸していることが分かった。

6月26日　アゲハのさなぎのあたまのほうから色がかわっていたよ

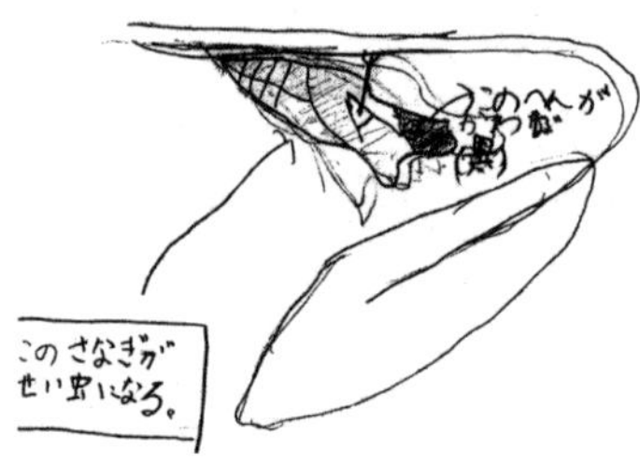

ぼくがおきてきたら、さなぎのあたまのほうが黒くなっていました。さなぎのむねのあたりのようなところから糸を出していました。その糸が出ていたところの形はAの字のようになっていました。今まで3びき生まれましたが、それのぬけがらは半分まで黒くなっていました。あと少しで生まれると思います。(D.A)

今まで育てた経験からあたまの方が黒くなる

と成虫になると考えたのだ。

7月5日　さなぎがでてくる

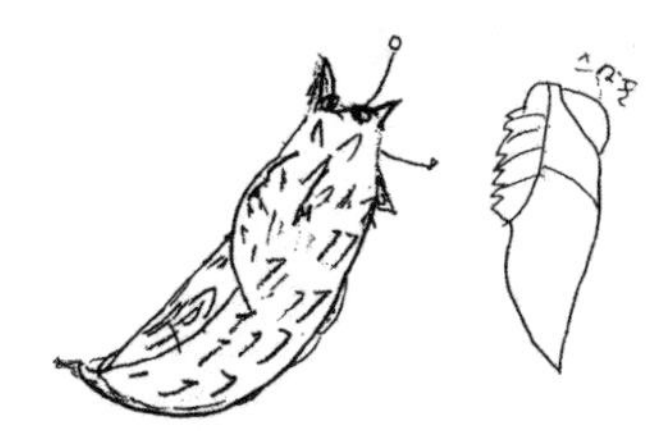

わたしははじめて羽化しているところを見ました。

つのがでてまえあしがでてきました。でも羽化するのに１日もかかったのでもう羽を広げられないと思います。あと先生がピンセットで皮をできるだけむいてくれました。わたしはかわいそうと思いました。(M.H)

これはプランターに植えられていたパンジーにいたツマグロヒョウモンの幼虫を育てていたが、残念なことに羽化の途中で死んでしまった。マユコバチにやられるものなど無事に羽化できないことも体験した。そこで自然の厳しさに気づいた。はじめは気持ち悪がって触れない子どもには割り箸を用いることを教えた。そうした子どもも、育てていくうちにどんなものでも平気になっていった。それぞれの子どもがチョウやガ以外にもテントウムシ・カブトムシ・クワガタ・カナヘビ・カタツムリ・ダンゴムシなどいろいろな生物をみつけて飼育した。育て方を図鑑で調べたり、教え合ったりもした。『イモムシハンドブック』（文一総合出版）は幼虫の名前や食草を知るのに大変役に立った。色々なイモムシを捕らえ、どんな成虫になるのか楽しみにもなった。

○動物はいろいろな方法で身を守りえさをとる

9月9日　バッタがとんだ

わたしはライオンズの森でショウリョウバッタを見つけました。見た感じ大きかったのでつかまえようとするとバッタはジャンプしたと思いきやはねを大きく広げて１mぐらいはねでとびました。わたしはバッタがとぶのをはじめてみたのでびっくりしました。「すごいなあ」と思いました。(R.S)

こん虫の学習で体のつくりを観察した。小さな透明な円筒形入れ物があったので、１ぴきずつそれに入れると裏側もはっきり見られてよかった。バッタの体のつくりを観察していたが、羽を大きく広げて１ｍも跳ぶ姿に感心したのだ。

9月9日　オオカマキリは時間によって目の色がかわる

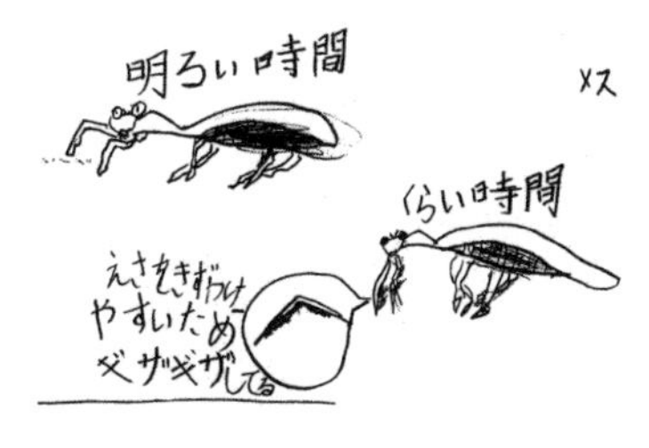

オオカマキリは大きくて力の強いカマキリです。すきなのはイナゴです。オオカマキリのいる場所は高い草です。おおきさは９cmぐらいです。カマはえさをきずつけやすくするためギザギザしています。それに朝明るい時間と夜くらい時間目の色がかわります。くらい時間は黒で明るい時間はきみどりです。目の色がかわるなんてすごいなと思いました。(M.M)

バッタは身を守るためにジャンプだけでなく羽を使って飛ぶ。カマキリは獲物を捕らえるために高い草の中に潜み、カマを持ち、周囲の明るさによって目の色を変え、威嚇ポーズをとって身を守る。このように環境、動きや体のつくりをとらえることで動物たちがいかに食べ物を得て身を守っているかを学んだ。

○動物は食べて成長し、たまごをうんでなかまをふやす

10月２日　ショウリョウバッタがたまごをうんだ　バッタは草を食べている

ぼくはショウリョウバッタをかっていました。

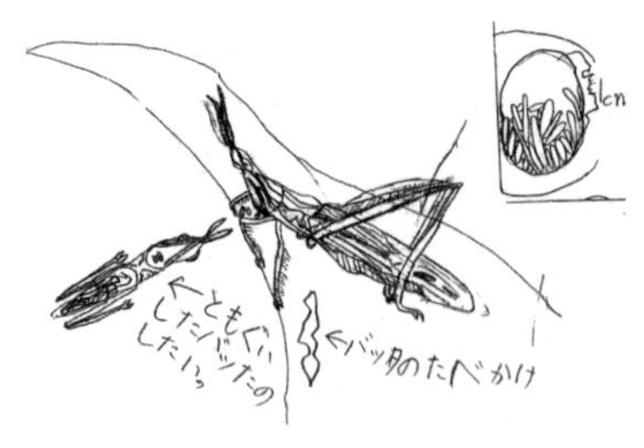

1週間くらい前にバッタの虫かごをのぞくとふわふわしていてオレンジ色のほそいみじかいぼうのようなものがありました。何かの死体なのかなと思いました。でも図かんでしらべたらバッタのたまごとわかりました。だいたい1cmぐらいでした。ぼくはバッタが草を食べているところを見ました。こういう口でむしゃむしゃ食べます。でもたまにともぐいもします。ぼくが見たときははらから食べていました。(D.A)

10月2日　たくさん食べた

かんさつしたのはたぶんチョウセンカマキリです。カマキリは動く虫は何でも食べます。かんさつしたのは夜だったのでカマキリの目を見てみると色が黒でした。まずカマキリは小さいバッタを食べ、クビキリギリスというキリギリスも食べました。そしてもう1ぴきも大きなバッタを食べてぼくはそんなに食べてびっくりしました。(T.Y)

10月10日　たまごをうんでいた

ぼくはオニヤンマを見つけました。つかまえようとするとにげてしまいました。時間がたったらこうびしました。近くに水があったのでそこにたまごをうんでいました。よく水の中を見ていたら小さなたまごがありました。近くにいるもう1ぴきのオニヤンマを見たらとても大きいのでびっくりしました。(T.Y)

11月25日　カマキリのいかくポーズ

ぼくがかっているカマキリをハラビロカマキリの入っているところに入れました。そして入れたしゅんかんにカマキリがいかくポーズをしました。ぼくはカマキリがハラビロカマキリをねらっているように見えました。でもカマキリはハラビロカマキリを食べませんでした。(D.A)

11月12日　カマキリがたまごをうんだ

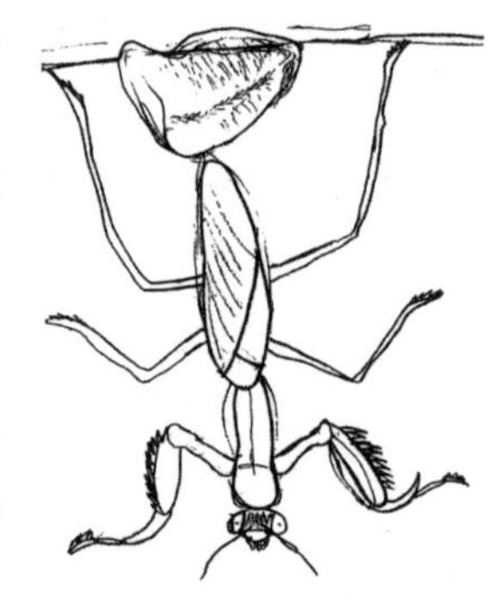

ぼくのかっているカマキリがたまごをうみました。ぼくはカマキリがたまごをうむところを見ました。なんだかさかさまになってゆっくり「プーシューワー」という音をたててうんでいました。早く子どもが出てきてほしいです。(D.A)

「交尾をした」「卵を産んだ」は事実ではあるけれど見たままをかいてはいない。「どんなふうにか」を話し合いやコメントなどで質問し明らかにしていった。またその様子を見た児童からも発表してもらった。

交尾をしたり、たまごをうんだりする姿からそれぞれが産まれるのにふさわしい場所や形になっていることに気づいた。

○植物も種によってなかまを増やす

11月20日　べとべとしていてくっついた

わたしがかんさつしたのはたねがべとべとしていてようふくにくっつけることができるしょくぶつです。なぜようふくにくっつくのかふしぎでした。「ようふくにつくのはしょくぶつのたねをようふくにくっつけてたねをはこんでもらうためにべとべとしている」とお父さんが言っていました。

くきはかたくてたねのようにべとべとしていました。図かんでしらべてみたら形的にはオオブタクサに思いますが、わたしが見たしょくぶつとは葉の形が図かんにのっていたのとはちょっとちがうのでそのしょくぶつはまだ名前がわかりませんでした。(R.S)

11月27日　実がなって実からプシュー

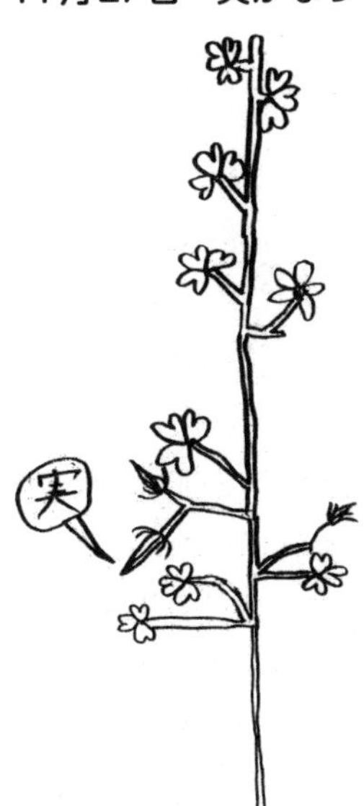

ぼくが見つけたのはアカカタバミです。アカカタバミの花びらの色は黄色です。花びらの数は５まいです。葉っぱは赤色で三つ葉の形をしています。そして実はオクラのような形をしていて色も緑色でした。ぼくが実をギュッとおすとプシューという音がしました。前にもこういうことがおきたけど、なぜまたなったかというと同じカタバミ科だからです。カタバミ科の実は指でギュッーとおすとプシューという音がすることをぼくは分かりました。(K.T)

1月29日　回るたね

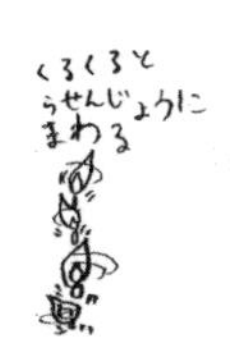

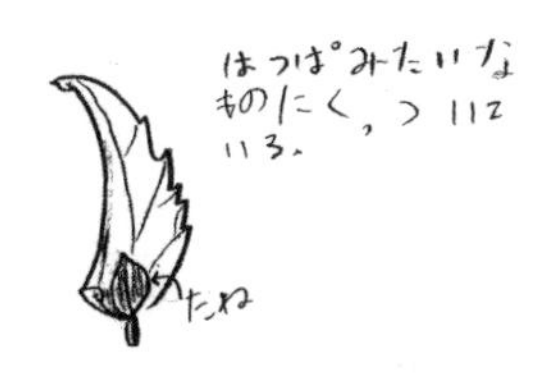

秋になると実をつける植物が増えてくる。いろいろな実のなり方だけでなく、なかまをふやすそれぞれの工夫に気づかせた。動物にくっつく種、はじける種、風にのって運ばれる種などいろいろななかまのふやし方を見つけてきた。(M.K)

○植物はいろいろな工夫で冬を過ごす

冬になると目に見える植物も減ってきた。そこでみんなで校庭に出て他の季節では見られない物を見つけた。地面にはりついたように葉を広げた様子を見つけ、ロゼット葉というのだと教えた。数日後何人かの子どもたちが集まっているので見てみるとロゼット葉の写真がのっている図鑑を広げ、自分たちが見つけたのはどれかみんなで話し合っていた。他にも生物の冬の過ごし方を見つけてきた。

1月12日　とても小さなめ

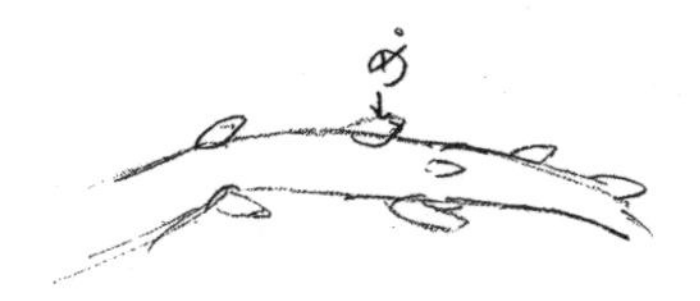

ふゆのいま、サクラはめで冬をすごしています。めはえだについていてとても小さいです。たねで冬をすごす植物もあるけどサクラは小さなめですごします。いま葉を出してしまったら葉がこおっちゃうのでめやたねなのだと思います。植物も冬をこすためにくふうされているなんてすごいなと思います。(M.O)

○いろいろな自然に目を向ける

9月22日　空気のフシギ

9月21日にふじ山の５合目まで車で行きま

した。ふとふじ山の下を見るとくもの上にいたのです。じつはくもの上にいたのではなくふじ山の下にくもがあったのです。そのときはたまたまうすいくもがふじ山の2、3合目くらいにあったからです。すごくびっくりしました。上についておかしのふくろがなんとふくらんで今にもばくはつしそうでした。そんなこともありながらふもとにもどるとこんどはペットボトルがぺしゃんこになっていたのです。なんでだろうとパソコンで調べてみたら地上にいるときはふくろの中と外の空気はあんていしていてぺしゃんこのままだけど上に行けば行くほど空気はうすくなり、ふくろの中の空気の方が勝ち、袋がパンパンにふくらむのです。でもそれは5合目のことなのでそれより上に行くとふくろははれつするでしょう。でも空気が入っていないとしたら外の空気が勝ちはれつやふくらまないでしょう。あとふじ山のふもとはくもっていたけどくもより上に行ったら晴天の青空でした。ふじ山に行ってよかったです。(S.K)

1月12日　中の水分がこおってる！

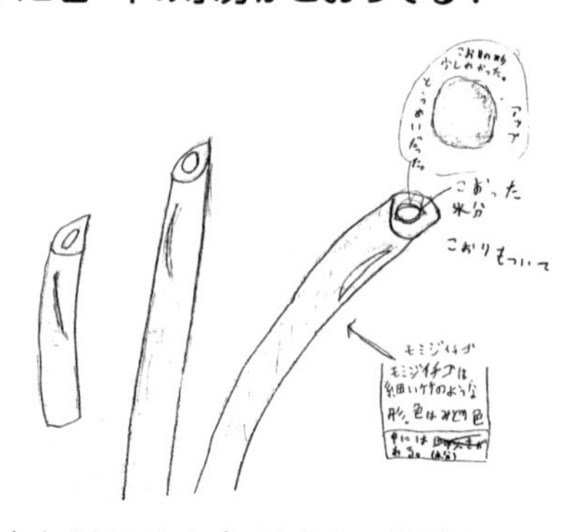

わたしはほけん室の近くの花だんのような所でモミジイチゴという植物を見つけました。形は竹のようでした。色はみどり色でした。モミジイチゴの中には水分があってその水分はこおっていました。氷は少し丸かったです。またモミジイチゴをかんさつしてみたいです。(O.Y)

これは剪定した枝の先の様子をかいたものだ。すっかり葉を落とし枯れたような枝の先の氷を見つけ、この植物が生きていることに気づいたからまた観察してみたいと思ったのだ。

生物だけでなく自然現象にも目が向けられるようになる。特に生物の活動が鈍くなってくると生物以外の記録が見られた。「落ちる葉と落ちない葉」「にじ色の雲」「水の中に雪を入れたら」「冬寒いのは太陽がななめにあたっているから」「ビルの前だけ氷がある」などの作品である。そして試したことや考えたことなどがかかれるようになった。

(3)本単元設定の背景

最近子どもたちは外遊びをしないで自然に親しむ機会も減っています。教科書では限られた生物しか扱っておらず、生物の多様なくらしを見ることはできません。そこで毎日の生活の中で身近な自然の見つけたことや働きかけしたことを綴らせ、発表し話し合いを続けることで認識を深め、確かなものにしてきました。色々な生物を捕らえ飼育し、お互い育て方などを教え合い学び合うことができました。子どもたちは形態を細かく書くようになります。

しかし形態を分析しても生命維持の様子は分かりません。だから話し合いにおいて「どこで、どんな色や形」というのではなく、動物では「どこで何をしていたか」「どんな動きをしていたか」「何をどのように食べていたか」。植物では「どんな所にどんなふうに生えていたか」「どんなふうに実ができるか」など、成長し子孫を残す姿をとらえることを認識し進めなければならないと思います。そのためにもどのように捉えるのかしっかりした目を教師は持つ必要があると思いました。

また今は手軽にパソコンで知りたい情報を手に入れることができます。しかし図鑑で調べると目的の情報だけでなく色々なことが入ってきて他の知識も得られます。だから教室にはたくさんの図鑑を用意していつでもすぐに調べられる環境を作っておくとよいと思います。

※参考資料
『基礎的な内容を楽しく学ぶ理科３年の授業』（星の環会）

アブラナのからだ

－植物のからだのつくり－

自然科学教育研究所
高橋 真由美

△単元のねらい

(1) アブラナのからだには、根・茎・葉・花・実（たね）がある。

(2) アブラナの花は、がく・花びら・めしべ・おしべからできている。

(3) アブラナのめしべのもと（子房）が成長して実（たね）ができる。

△指導計画（5時間）

①アブラナのからだ…………………………1時間

・実物のアブラナ1株を見ながら、根・茎・葉・花・実（たね）の名前を確認する。

②アブラナの実………………………………2時間

・実を割って中にたねがあることを確かめる。

・大きい実と小さい実を比べて、実が大きくなるとたねも大きいことを調べる。

・実の成長の様子を調べる。

・花の中に実のもとがあることを知る。

③アブラナの花のつくり……………………2時間

・花を分解して、がく・花びら・めしべ・おしべがあることを確かめる。

・めしべのもとが成長して実になること、おしべには花粉があることを知る。

△授業の展開

第1時 アブラナのからだ

〈ねらい〉 アブラナのからだには、根・茎・葉・花・実（たね）がある。

〈準備〉 アブラナ1株（グループ数＋教師用）

〈展開〉

①教師用のアブラナ1株を見せて、子どもたちと話し合いながら、根・茎・葉・花・実を確かめていく。

T：下から名前をみんなで確かめよう。（根を示し）ここは。

C：根っこ。

T：そう言うね。理科では、根といいますよ。

C：まん中にちょっと太い根がある。

C：細い根がついてる。

C：根の先が細くなっている。

T：（葉を示し）ここは。

C：葉っぱ。葉かな。

T：そうだね。葉だね。

C：葉に、細かい線が書いてあるよ。白っぽいの。

C：葉が虫に食われていて穴があいてる。

C：葉みたいだけど、細くて棒みたいなぼこぼこしてるのがある。これも葉かな。

C：違うと思う。中に何か入ってるよ。（中を割って、種を取り出す子がいる。いなければ、茎を確認してから、後でみんなで調べる。）

T：ということは、葉ではないね。後で詳しく調べようね。では、この葉がついているところは。

C：茎だと思う。根もここにつながってる。

C：葉の線も茎につながっている。

T：（花を示し）この一番上にあるのは。

C：花。つぼみもあるよ。まだ、開いてないやつ。

②名前を確認したところで、実を割ってたねがあることを確かめ、たねが入っていたから、葉ではなく、アブラナの実であることを話す。ここでたねと、実の違いを教える。中に入っているのがたねで、全体を実という。

③グループのアブラナ（背丈30センチぐらいの物が描きやすい）1株を絵に描いて、今日やったことをノートに書く。名前を確かめたように根から書いていくと描きやすい。根と

茎の境から根は下に向かって描き茎は上に向かって描いていく。丈が高いアブラナだと全体を描くのは難しいので、部分ごとに描くのも良いと思う。文は、「今日やったこと」として日記のように書くと、子どもがこの時間に獲得したことや思ったことが、自分の言葉で表現される。

―ノート―

アブラナのからだ調べをしました。アブラナのからだには、下の方に根がありました。根はまん中に太いのがあって、そこから細い根が出ていました。葉は根の上にありました。大きな葉が横に開いてついていました。葉がついてるところはくきでした。実はぼうのようでした。ボコボコってなっててわったら、たねがありました。花は上の方にさいていました。今日はアブラナのからだのいろいろな名前がわかりました。(た・ま)

＊アブラナが手に入らず、ショカッサイで授業したこともある。

―ノート―

ショカッサイのからだをよく見たら、は・くき・根・実・花がありました。葉のうらはけっかんみたいになっていました。くきは、太いくきと細いくきがありました。根は、くきとつながっていました。根は、だんだん細くなっていました。花はむらさきでした。つぼみもたくさんついていました。(お・ま)

第2・3時　アブラナの実

〈ねらい〉 花の中には実のもとがあり、成長した実の中には大きなたねがある。

〈準備〉 アブラナ1株（グループ数＋教師用）

〈展開〉

はじめに、前時の子どものノートを読み、アブラナの体の各部の名前を確認する。

①つぎに、実を見せて前時のことを思い起こす。

T：これは何でしょう？

C：実です。

C：中にたねがあった。

T：今日は実をもっとよく観察しましょう。

②班ごとにしばらく観察する時間（5分ぐらい）をとって、気がついたことを話し合う。

C：大きさが違うのがあるよ。

C：下の方に大きい実がある。

C：上の方にかれた花びらがついた小さい実があるよ。

C：成長して実が大きくなると思う。

C：花が実になったと思う。

C：大きい実にはたねがあったから小さい実にも小さいたねがあると思う。

③大きい実をわって、気がついたことを話し合う。

C：たねが6個入ってた。

C：ちょっと茶色くなってる。

C：緑でつるつるして光ってるみたい。

④小さい実をわって、気がついたことを話し合う。

C：さっきより実も小さいけどたねも小さい。

C：もっと小さい実はたねがもっとちいさいよ。

実が大きくなるとたねも大きくなっていく。

大きい実には大きなたねがあり、小さい実にはそれより小さいたねがあることを確認する。色の変化にも気づかせたい。

⑤最後に、枯れた花びらのついた実を、教師がカッターで切って、テレビの画面などに拡大して実の中の様子を見せる。中の小さなたねを確認する。これらの実とたねの観察をとおして、アブラナの花がアブラナの実になったことを知る。

⑥今日やったことをノートに書く。

―ノート―

今日は、アブラナの実を調べました。実は成長して大きくなっていきました。大きい実をわって中を見たら、緑のつやつやしたたねがならんでいました。ちょっと茶色くなってるたねを見つけた人もいました。小さい実をわったら、もっと小さいたねがありました。友だちの実はもっと小さくて、たねも小さかったです。先生がかれた花びらがついてた実をカッターで切って見せてくれました。とっても小さいたねがありました。花が実になったと先生が教えてくれました。(た・あ)

第4・5時　アブラナの花のつくり

〈ねらい〉アブラナの花には、がく・花びら・めしべ・おしべがあり、めしべのもと（子房）が成長して実（たね）ができることを知る。

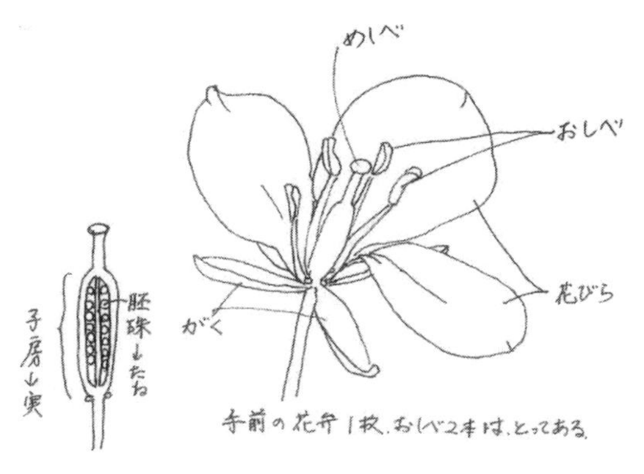

〈準備〉アブラナの花（児童数＋α）・ピンセット・虫めがね

〈展開〉

①前回の確認をしたあと（児童のノートを読んで）、花を見て見つけたことを話し合う。

T：花が実になったことを知りましたね。今日は、花のつくりを調べましょう。

アブラナの花を１人に１つずつ行き渡るように配り、虫めがね、ピンセットも１人ずつ用意する。

T：花をよく見て見つけたことありますか。

C：花びらが４枚あった。

C：花びらの外にもあるよ。がくだと思う。

C：まん中に棒みたいのが１本ある。

T：だれかこの名前知ってますか。

C：めしべ。（用語を知ってる子がいなければ、教師が教える。）

C：細い糸みたいのの先をさわったら、黄色い粉みたいのがついた。

C：花粉だと思う。

T：そうですね。花粉がついているところを何というか知ってますか。

C：おしべ。

C：おしべは４本ある。

C：６本だよ。短いのがある。

②花を分解する。

T：では、花を分解してみましょう。花の軸を持って一番外がわのがくを取っていきましょう。次に花びらをとって、ならべてみましょう。できたら、めしべやおしべもとってならべていきましょう。

③分解して見つけたことを発表する。

T：がくは何枚ですか。

C：４枚。花びらも４枚。

C：おしべの棒はやわらかいけど、めしべの棒はしっかりしている。

T：おしべの数は何本？

C：６本で、めしべは１本しかない。

C：めしべの下に緑のつぶつぶがあった。

T：蜜腺です。

C：虫がなめるところ？

T：そうですね。

C：めしべの先が丸くてぬれてるみたい。

C：めしべは実に似ている。

C：めしべが実になったと思う。

④テレビ画面などを使って、みんなに見えるようにして、教師がめしべをカッターで切って見せる。

C：小さいつぶつぶがある。

C：たねの赤ちゃんがある。

T：この粒が成長してたねになります。たねの赤ちゃんだね。胚珠といいます。胚珠が入っているところを子房といいます。子房が成長して実になります。では、分解した花の部分をセロテープでノートに貼りましょう。

④今日やったことを書く。

―ノート―

今日は、アブラナの花をぶんかいしました。花の一番外にがくがありました。花びらと同じ４枚でした。花びらの中におしべがあって、６本でした。まん中のめしべは、１本でした。めしべの下のところに、緑の丸い玉がありました。みつせんと先生が教えてくれました。めしべが実ににていて先生がカッターで切ったら、たねの赤ちゃんがありました。はいしゅというそうです。はいしゅが入ってるところが子ぼうと

いって実になるそうです。だから、めしべは実に形がにていたんだとわかりました。(こ・め)

この学習の後に、ナズナを使って花のどこが実になるかという授業を行ったときもある。

—ノート—

今日は、ナズナの花のどの部分が実になるかを調べました。虫めがねでナズナの花を見たら、花の中に実みたいのがありました。花びらをとったら、小さい実がありました。その形は小さいハートみたいでした。ハートのへこんでいるところに、めしべのようなぼうがちょこんとありました。小さい実の中を見てみたら、白くて小さいはいしゅが入っていました。普通の大きさの実の中を見たら、黄緑色のはいしゅが入っていました。その中身の数を数えてみたら、30個ぐらい入っていました。だから、めしべが実になるということが分かりました。(く・ひ)

胚珠や子房という言葉を覚えることがねらいではない。ただ、このことを知ることによって、花を見つけたときに意識的に、めしべを割って胚珠を探すようになる。また、少し育ってきためしべを見て、子房が育ってきていると考えられるようになる。

花のつくりを学習したあとで、「校庭の花さがし」の時間をとり、各自が見つけた花を観察して絵と文を書くこともぜひ取り組みたい。

校庭の花さがし

このプランには入れてないが、花のつくりを学習した後で、校庭の花さがしに取り組んだことがある。このときは、ショカッサイの花でつくりを勉強した後、葉ボタンの花を見つけた子がいて、みんなで葉ボタンの花を観察した。そのときの子どものノートを導入にして、花さがしに行った。

T：関くんノートを読んで。

C：葉ボタンの花をショカッサイみたいにぶんかいしました。水みたいのがどんどん出てきました。めしべの先っぽをようく見ると平らになっていました。おしべを軽くさわっただけで、花粉がとれてしまいました。いろいろ調べると、ショカッサイと形と色がちがうだけで、つくりはほとんど同じでした。花っておもしろいなと思いました。ほかの花も調べたいなと思いました。

T：友樹くんは、葉ボタンの花とショカッサイの花を比べて思ったこと書いてたね。

C：ほんとに似てたよ。

C：他の花もみんな、おしべやめしべの数が同じかな。

C：違うと思う。

C：花びらの数も違うから。

T：今日は、校庭の花を探して調べてみようね。花壇の花は、とる前に先生に聞いてね。

とってきた花の中から、一つをえらんでよく見て絵に描いた。

〈ツツジのおしべとめしべ〉

ツツジの花の色は、ピンクでした。おしべが10本ありました。おしべの先は黒色でした。めしべは、１本で先が白色でした。何でめしべは、１本だけで、おしべはたくさんあるのかなと思いました。(こ・め)

〈めしべが２本〉

カイドウの花は、めしべが２本でした。わたしはどんな花もめしべは１本だと思っていました。ヤエザクラの花もめしべが２本だそうです。みねちゃんが教えてくれました。（お・ゆ）

△朝の会で・・・

〈ヒメオドリコソウを見つけたよ〉

ヒメオドリコソウを見つけました。金曜日に、わたなべけいすけくんの家のそばで見つけました。葉を見ると、小さいのと少し小さいのと、中くらいのと中くらいより大きいのとが重なって生えていました。中くらいの葉からは色が赤くなっていました。花の色は、すみれ色でした。花は、小指のつめより小さいです。茎には、１ミリメートルくらいの細い線がありました。くきの形は四角でした。（や・と４／ 25）

〈ナデシコの花がさきました〉

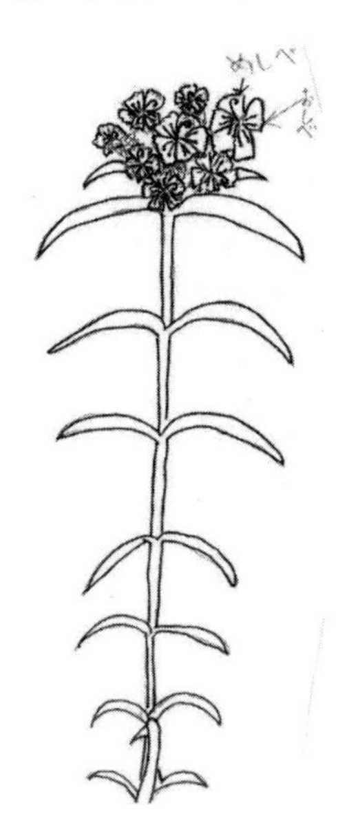

うちで育てているナデシコの花がさきました。13個くらいさきました。まだ、つぼみもあります。葉っぱは、いちが高くなるほど大きいです。土が見えなくなるほど葉っぱがありました。

おしべは先が丸くなっていて、めしべはまいていました。おしべはたくさんあります。花びらは、外がわが赤くておしべとめしべがあるところはピンクです。（お・ゆ５／ 10）

〈オオイヌノフグリの実にめしべがあったよ〉

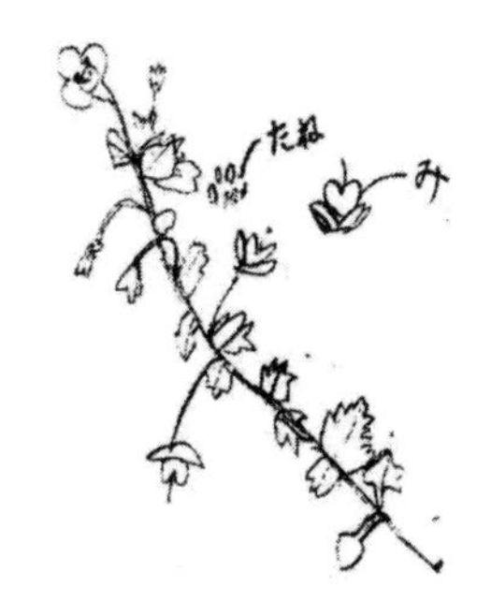

今日、プールのうらで、オオイヌノフグリを見つけました。実がありました。実のまん中にめしべがありました。実は黄緑色でした。わってみたら中に白いはいしゅが入っていました。実の大きさは３ミリメートルぐらいでした。実の形はハートでした。（か・さ５／ 12）

〈ツツジの花〉

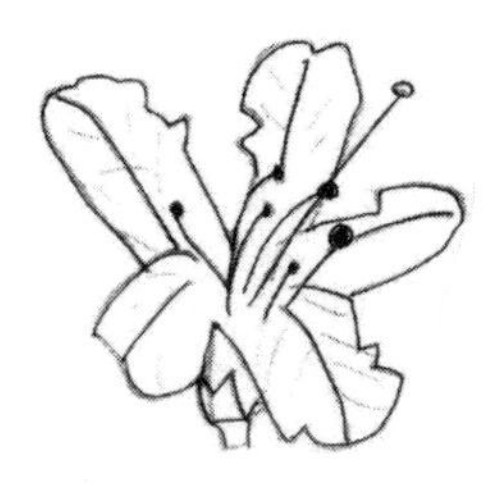

きのう、あけぼの公園の帰りにツツジの花がたくさんさいているのを見つけました。花びらは５枚ありました。がくも５枚ありました。おしべは６本でめしべは１本でした。おしべの先は黒くてめしべの先は黄色でした。めしべはおしべより長かったです。めしべのしぼうを探したら、下の方がちょっとふくらんでいました。わったら、白い小さなつぶつぶがありました。

はいしゅだと思います。(5／15)

これらは朝の会で発表されたものだ。アブラナの学習のあとには、花を見るとおしべやめしべの存在を気にするようになったり、実があると割って中にたねやまだ胚珠のような状態を見つけて報告するようになった。葉・茎・花などの言葉をしっかり表現されている。日常的に見つけた自然を報告し合う中で、学習したことがさらに確かなものとなっていくと思う。

△教科書では…「植物を育てよう」

自分が育てた植物の観察をしながら、その都度出てきた部分の名を扱っています。例えば、子葉が出たら、子葉。茎が生長したら、茎。実ができたら、実というようになっています。だから、「春さがし」のカード例には、色・形・大きさが、何の色か、何の形か、何の大きさかがきちんと語られていません。手触りについてもどの手触りかが示されていません。子葉は、育てる中で事実をもとに教えるしかありませんが、他の部分はプランに示したように扱うことで、これ以後の学習で、みんなが共通語として使うことができます。子どもが見つけた植物を表現するにも、その言葉を使って具体的に事実を表現することができ、他の子どもたちにも伝わります。

また、植物にとって、花は子孫を残すための大事な器官です。植物の観察において花の観察は欠かせません。しかし、3年生のこの単元では花が咲くことや花のあとに実ができることは学習しますが、花のつくりについての学習がありません。それは 指導要領に「植物の育ち方には一定の順序があり，その体は根，茎及び葉からできていること。」と示されているためです。花が実になるという内容は5年生で学習しますが、3年生の時に花のつくりを学習して花を見つけ、めしべの存在を確認していく中でめしべが実になっている姿も見ることができます。さらに、花の観察を通して、おしべがたくさんあることやおしべに花粉があることにも気づくことができます。たくさんの個別の植物でこうした事実を見ることが5年生の植物学習にもつながると思います。子どもたちは、花のつくりを学んだことが植物を見る視点となり、たくさんの花を探すようになります。

花のつくりを学習するには、花の仕組みが基本型で分解しやすいアブラナの花が適しています。授業する頃に花が咲いていなければ、ショカッサイ・カラシナなど他のアブラナ科の花でもよいでしょう。根のついた小松菜などを購入して（スーパー等で）地植えして育てると、数週間ぐらいで花を咲かせることもできます。また、アブラナの教材としての良さは、植物の体のつくりも分かりやすく、1株に花から実へと成長していく様子も見られます。

△終わりに

3年生になって、理科の学習が始まりとても楽しみにしている子どもたちです。その期待に応える学習にしたいと思います。3年生は、とても知りたがり屋で知ったことをもとに身の回りの自然に意識的に働きかけるようになる時期です。そこで、この学習を理科学習のスタートとして取り組みたいです。いろいろな花がたくさん咲いている時期でもあります。花のつくりを学習し、花の中にめしべがあることを知ると、いろいろな花を見つけてめしべの存在を探します。ナズナの花を見つけて「小さいからよくわかんないから、ぶんかいしたの。そしたらめしべがちゃんとあった。」見るだけでは確認できないと手を出して確認するようになります。また、この時期は個別に物事をとらえていくので、ナズナのめしべ、チューリップのめしべ、カラスノエンドウのめしべ・・・という個別の植物のめしべを見つけさせるようにします。理科の授業は、子どもたちが自然に働きかけるときの視点が持てるように考えたいと思いました。

【参考文献】

堀 雅敏 著『本質がわかる・やりたくなる理科の授業3年』(子どもの未来社)

チョウをそだてよう

しもつけ理科サークル
箕輪 秀樹

1. ねらい

・モンシロチョウの卵、幼虫、さなぎ、成虫を観察し、その育ち方を知る。
・モンシロチョウの成虫の体のつくりと生育に適した特徴を知る。

2. 指導計画（全８時間）

第１時、第２時　モンシロチョウの卵の観察
第３時　モンシロチョウの幼虫の観察
第４時、第５時　卵と幼虫探し
第６時　大きくなった幼虫の観察
第７時　モンシロチョウのさなぎの観察
第８時　モンシロチョウの成虫の観察と体のつくり

3. 授業の展開

第1・2時　モンシロチョウの卵の観察

【ねらい】

・モンシロチョウの卵は、幼虫のえさとなるアブラナやキャベツなどの植物に生みつけられることを知る。

【準備するもの】

モンシロチョウの卵（各班２～３個）、虫眼鏡、双眼実体顕微鏡

課題１　モンシロチョウのたまごはどこにあるのだろうか。

子どもたちは、これまでの経験からいろいろな予備知識をもっているので、次のようなやり取りをした。

T「モンシロチョウの卵はどこにあると思う？」
C「菜の花」
T「アブラナのことだね。」
C「キャベツ」
C「葉っぱの下」
T「どうしてアブラナやキャベツや葉っぱの下に卵を生むんだろうね。」
C「葉っぱがえさになる。」
C「生まれたら、青虫が食べる。」
C「ほかの虫に食べられないように隠れられる。」

課題２　アブラナに生みつけられたモンシロチョウのたまごをかんさつしよう。

観察で大事にしたいこと

はじめは、私が学校敷地内のアブラナ畑から採集してきた卵に油性ペンでマーキングして、子どもたちに虫眼鏡と双眼実体顕微鏡で観察させた。

観察のときは子どもに「形、色、大きさはどうか」と見る視点を提示し、自然を見る目を育てたい。そして、子どもの発達段階に応じて見たままをリアルにスケッチさせ、詳しく説明したいことや絵で表現できないことを自分の言葉で書かせ、観察力と表現力を身につけさせたい。

卵のあるところにマーキング

［卵の観察］

（子どものノートから）

・色や形が、一つ一つちがう。（たまごが）少

しほそながい。よくこんな小さいたまごをみつけたなと思いました。なんかコーンみたいでおもしろいです。

・たまごは、とうもろこしみたいな形をしていました。とうもろこしみたくひとつぶひとつぶこまかくせんが入っていました。

・とうもろこしににてました。たまごがすこしとんがってて、小さくてびっくりしました。場所は葉っぱのところにいました。つぶのようでした。

・たまごは小さくて、みつけるのがたいへん。

・たまごがちっちゃかったので、とてもさがしずらかった。葉っぱにしっかりついていた。

・色は黄色。長さは1mm。アブラナの葉っぱのうらにいました。葉をひっくりかえしても、たまごはおちなかった。

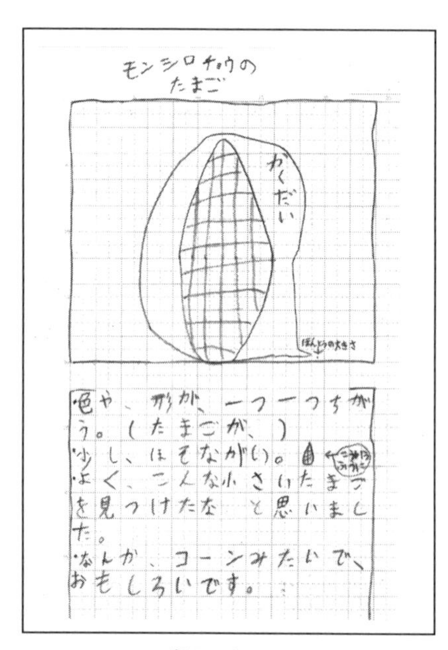

卵のスケッチ

第3時　モンシロチョウの幼虫の観察

【ねらい】

・卵からかえった幼虫は、卵のからを食べ、葉を食べて大きくなっていくことを知る。

【準備するもの】

卵からかえった幼虫（各班2～3個）、ペトリ皿、虫眼鏡、双眼実体顕微鏡

課題3　たまごから生まれたばかりのモンシロチョウのよう虫をかんさつしよう。

次の時間の卵探しと幼虫探しに備え、幼虫の大きさや色、特徴をノートに記録する。

[幼虫（1齢、2齢）の観察]

(子どものノートから)

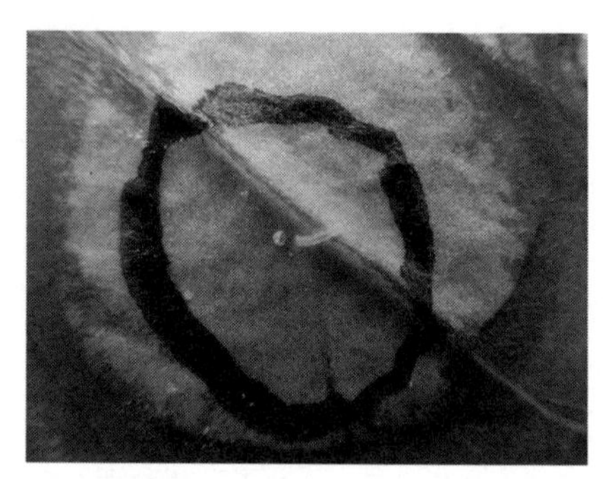

1齢幼虫（右）と卵の殻（左）

・生まれて、からを食べるのでびっくりしました。ちびちびうごくところもかわいいと思いました。

・大きくにょきにょきとうごいていました。よく見てみると、体の外がわに毛がはえていました。せなかのところが黄色でした。よく見たら、せんがありました。

・小さいよう虫はうごいていたけど、大きいよう虫はうごくけはいがありませんでした。みどりのものを出していた。

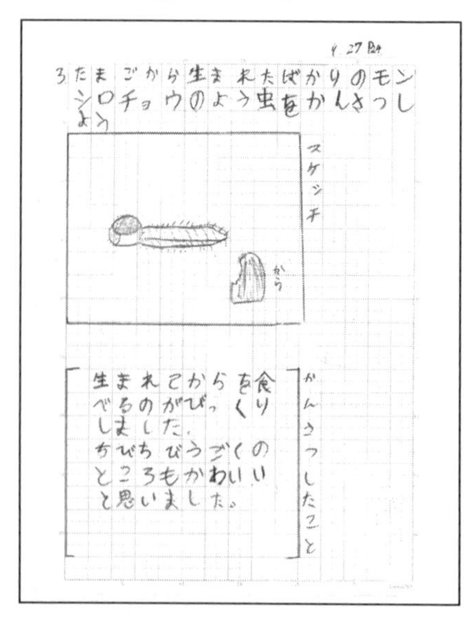

生まれたばかりの幼虫と卵の殻のスケッチ

・色は黄みどり。長さ4mm。ふんをまわりにしてた。
・よう虫のまわりにはふんがいっぱいありました。よう虫はみどり色でした。よう虫は3mmぐらいでした。

第4・5時　卵と幼虫探し

【ねらい】

・飼育観察するため、教材園のアブラナ畑でモンシロチョウの卵と幼虫をみつける。

【準備するもの】

はさみ、油性ペン、飼育箱（透明ケース）

課題4　校庭のアブラナ畑で、モンシロチョウのたまごとよう虫をみつけよう。

以前に3年の理科を受け持ったときは、勇んでいきなりアブラナ畑に子どもたちを連れて行って卵と幼虫を探したが、みつけられたのはほんのわずかだった。子どもたちは写真でしかモンシロチョウの卵や幼虫を見たことがなかったので、見る目や探す目がなかったのだと思った。前回の失敗から学び、今回はいきなり探しに行くことは避け、第1時～第3時で、私が取ってきたモンシロチョウの卵や幼虫を虫眼鏡や双眼実体顕微鏡を使ってじっくり観察させ、大きさや色、形などをよく頭に入れてから、採集に出かけた。

卵と幼虫を探す子どもたち

3年生の子どもたち24人と私で、学校敷地内のアブラナの葉っぱの裏を探した。前回は、アブラナをなぎ倒すような荒っぽい探し方の子どももいたが、今回の探し方を見ていると、1本1本ていねいに調べている子どもたちが多く、事前学習の重要性を感じた。卵や幼虫を探す子どもの真剣な表情と、みつけたときの子どもの喜ぶ表情がとても印象的だった。読みが当たり、結果は、卵6個、幼虫12匹を採集でき、これからの飼育意欲を高める結果となった。アブラナは、学校敷地内に自然に繁殖させたものなので、気にせずに株ごとどんどん切って、理科室や教室にもって来られるのも利点であった。

その後、業間休みや昼休みに卵探し、幼虫探しが流行し、毎日、数名の子どもたちが、「先生、卵をみつけました」、「幼虫みつけました。先生、いりますか？」と、子どもたちがうれしそうに報告に来るので、話につき合い、「どこにいたの？」、「すごいじゃない！」などとみつけた喜びを共有するようにした。卵や幼虫など対象物そのものを「みつける」ことは、子どもの学習意欲を育てるのに重要な意味をもつと思った。

第6時　大きくなった幼虫の観察

【ねらい】

・幼虫はえさを食べ、ふんをし、脱皮を繰り返して大きくなることを知る。

【準備するもの】

ペトリ皿、ピンセット、アブラナの葉
またはキャベツの葉

課題5　大きくなったモンシロチョウのよう虫をかんさつしよう。

幼虫飼育はえさの供給とふんの始末に手間がかかり、とてもたいへんだったが、日に日に成長していく幼虫の成長が次の授業に生きるようにしたいと考え、毎日せっせと世話をした。

子どもたちは理科室に入ってくると、「あー、でっかくなってる」、「ふんをいっぱいしてる」、「ふんが大きくなってる」と、後ろのテーブルの生き物コーナーに人だかりになる。しばらくはそのまま自由に見せておく。「先生、生まれてます」、「先生、1匹下に落ちてます」などと、こと細かに報告してくれる。

「考える」視点の具体例

幼虫の観察では、体全体と頭部をよく見るように指示し、「考える」視点として、体のようすで変化したことは何か？　頭はどっちだろうか？　目はどこにあるだろうか？　口はどんな形だろうか？　と投げかけた。体については、前と比べて変化したことは何か考えさせ、「体が大きくなってきた」「えさをたくさん食べるようになった」「ふんをたくさんするようになった」などに気付かせたい。頭については、子どもは、幼虫の動きやふんをしているようすを見て判断していた。口は、えさである葉が食べやすい形になっていることに気付かせ、あとで成虫のストローのような口との違いを考えさせるようにした。

[幼虫（3齢、4齢、5齢）の観察]

(子どものノートから)

・毛がはえていて、体より顔のほうが青かったです。そうがんじったいけんびきょうで見たら、よう虫の頭にフンがのっていました。葉っぱを食べているところを見られたのでうれしかったです。またよう虫を見たいです。

・よく見ると、毛がはえていました。すこし黄色がありました。うごくとき前をうごかしてからうしろをうごかしていました。

・ふんを2回した。ふんを食べた。いっぱい葉を食べていて、かわいかった。

・よう虫はにょろにょろしていてかわいいです。

・いっぱい葉っぱを食べていました。なぞの液体がでた。

・色がきれいなみどり。ふんがこいみどり色。ふんをもちあげて食べた。葉をもぐもぐ食べた。毛がすこしはえていた。

・よう虫が一しゅんでふんをして葉からにげだしました。あと、糸を出してました。ふんを食べました。葉はあんまり食べませんでした。

・からだのまわりに黄色いぽつぽつがありました。よう虫はふんをしました。ずいぶんとふんがとびました。

・よう虫が2回もふんをして、わたしたちは大わらいしました。ふんを食べました。

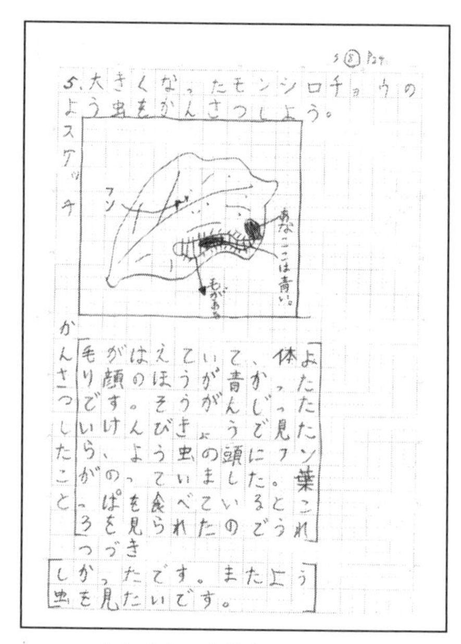

大きくなった幼虫のスケッチ

第7時　モンシロチョウのさなぎの観察

【ねらい】

・幼虫はさなぎになり、さなぎは固い殻の中で成虫の体に変わるため、えさを食べずふんもしないでじっと動かないで過ごすことを知る。

【準備するもの】

飼育ケースに蛹化したさなぎ（各班1～2個体）、虫眼鏡

課題6　モンシロチョウのさなぎをかんさつしよう。

幼虫と成虫の体のつくりは、大きく異なる。さなぎのときは、体を大きく組み替える時期である。そのため、体の排泄物をすべて出し切り、えさも食べずに固い殻の中で筋肉をどろどろに溶かし、成虫の体を作っていく。子どもたちには、幼虫の観察記録と比較させながら、幼虫とさなぎの違いに気付かせたい。

幼虫のついたアブラナを生け花のようにビンに挿しておいたら、飼育中に10数匹の幼虫に脱走され、理科室の壁や水槽や窓などでさなぎになってしまった。幼虫は、さなぎになるときは高いところを好むようだ。これも教材にしてしまおうと考え、マスキングテープに説明を書いて、さなぎのそばに貼りつけた。子どもたちはとてもおもしろがって、さなぎを見ていた。

飼育箱で蛹化したさなぎ

[さなぎの観察]

(子どものノートから)

・線がいっぱいありました。茶色のつぶつぶがついていました。まえのよう虫の形とさなぎの形がちがってました。まえの（よう虫）よりは、線が少なかったです。茶色いつぶがまえより少なかったです。

・一つだけ茶色のさなぎがありました。とげとげしていました。みどり色のさなぎは、葉っぱみたかったです。

・かべにくっつかっていた。さなぎに糸がついていた。さなぎはうごかなくて、しんでいるみたいです。

・じーっとしていた。花のつぼみみたい。

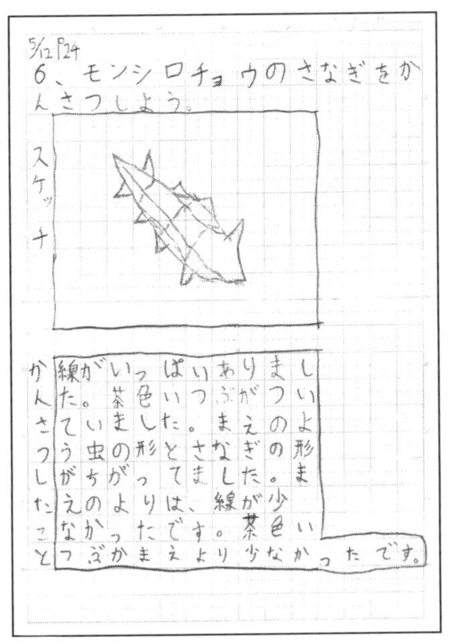

さなぎのスケッチ

・すごい高いところ（理科室の壁）にさなぎができた。なったばかりはみどりで、すこしたったら、茶色。とげとげしたところやくろいてんてんがあった。糸でおちないようにしていた。

・さなぎはうごかなくてふんもしなくてただすわってるだけみたいでした。さかさまにしてもうごかない。くろいてんてんと糸もついていた。

・さなぎのせなかはカクカクしていました。

・さなぎのからは、白の色と茶色の色をしていました。はじめてみたので、わたしはとてもびっくりしました。

第8時　モンシロチョウの成虫の観察と体のつくり

【ねらい】

・羽化した成虫の体が頭、胸、腹の３つに分かれていること、頭には触角、目、口の感覚器官があり、胸には４枚の羽と６本の足の運動器官があり、腹には消化器官と生殖器官があり、生きるために適した体のつくりをしていることを知る。

【準備するもの】

飼育してきた成虫（各班２匹）、死んでしまった成虫、双眼実体顕微鏡、ペトリ皿、ピンセット、スポーツ飲料を５倍に薄めた液（成虫のえさ用）

課題７　モンシロチョウの成虫の体のつくりを調べよう。

授業中の羽化と手乗りモンシロチョウ

羽化の時期には、授業で理科室に行くと、「先生、モンシロチョウが飛んでます」と子どもたちが大騒ぎだった。壁や水槽や窓で空っぽになったさなぎを探し、どのさなぎが羽化したか、子どもたちと確かめた。

前回３年生を受け持ったときは、さなぎの観察中にある班で羽化がはじまり、他の班の子どもたちも寄ってきて、「見せて、見せて」「初めて見た」「すごーい」など、とても感動的だった。羽化はたいてい早朝なので、子どもが学校に来ると成虫になっていることが多いが、３時間目の授業で羽化が見られたのは、とてもラッキーであった。羽化後、数時間は飛べないので、じっくり成虫を観察することができた。

理科室の壁で羽化した成虫

また、「先生、指にスポーツ飲料を塗ったら、チョウチョ、吸うかな？」と子どもがつぶやいたので、トライさせてみたら、なんと手乗りモンシロチョウになった。子どもたちの発想のおもしろさに感心した。

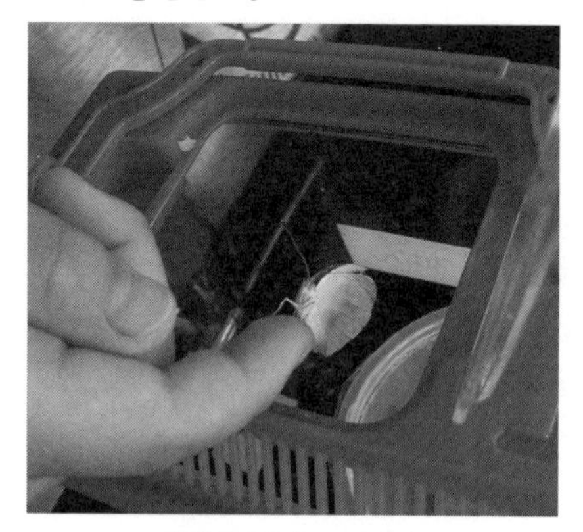
手乗りモンシロチョウ

今回も、羽化しそうなさなぎがあったので期待していたが、授業が終わり、子どもたちが教室に戻った直後に羽化したため、私しか見られず、とても残念だった。科教協全国研究大会でレポート報告をしたら、モンシロチョウは、夜明け後３時間ぐらいで羽化するとのこと。授業時間に合わせて黒い布などで覆って調整するとよいと聞いたので、機会があればぜひ挑戦してみたい。

子どもたちが育てている成虫の観察とともに、死んでしまった成虫も保存しておいて、双眼実体顕微鏡でモンシロチョウの体のようすを観察する。班に１個体、できれば、２人で１個体はほしい。頭を見て、複眼、ストロー状の丸まった口、触角、胸にはえている足、鱗粉のついた羽などをじっくり見せたい。

成虫を双眼実体顕微鏡で観察

さなぎから羽化した成虫は、観察が終わるまで生かしておきたい。飼育の本に、「砂糖水が濃すぎると長生きしない。スポーツ飲料を薄めてえるとよい。」と書いてあったので、成虫のえさは、スポーツ飲料を５倍に薄めた液をペットボトルに作りおきして、ときどき飼育箱の皿に補充した。モンシロチョウの成虫は、ストローの口を伸ばしてうまく吸っていた。

［観察したこと］

（子どものノートから）

- みつをすう口が、ローラーみたいだった。（目は）まるい形でその中にくろいてんてんがあった。毛みたいのがはえていた。
- 口が、グルグルまるくなって、とてもおもしろかったです。目の中につぶがいっぱいあった。けがたくさんあった。
- ふつうに見るよりけんびきょうで見た方がわかりました。目のてんてんは10こありました。
- めのようすがとてもきもちわるいです。
- のみものをのんだ。あまりうごかなくて、しーんとしていた。はねのもようがきれい。めがみどりだ。はねをひろげたり、とじたりした。
- 黄色と白のぶぶんがある足が６こある。外がわのはねが黄色で、内がわが白とねずみ色。顔の色がくろい。しょっかくがしましま。めがてんてんのまるになった。
- モンシロチョウの足は６本でした。すごくバタバタしてて、とても「元気だな」と思いました。
・モンシロチョウのはねにもようがついていました。色は黄色と黒色でした。

子どもたちの描くモンシロチョウは、みんなモスラみたいだったが、しもつけ理科サークルの例会で報告したら、「子どもらしくていい」、「3年生なりによく描けている」とメンバーから高く評価されたので、自信をもつことができた。

そして、子どもたちから出された疑問に答えるためにいろいろ調べていくと、次々と新たな事実がわかり、私自身とても勉強になった。

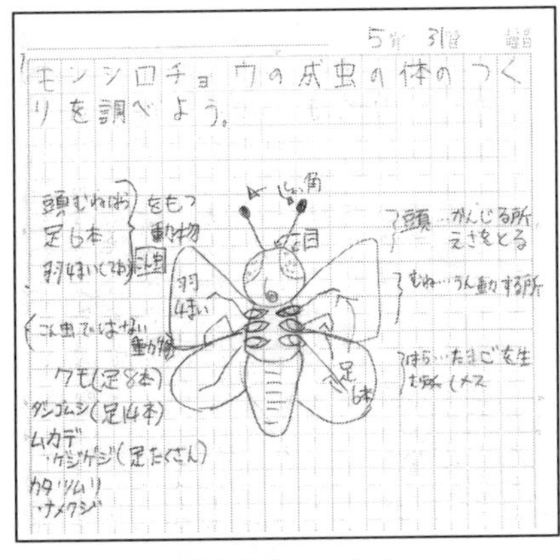

成虫の体のつくり

子どもたちの疑問に答える

○幼虫はなぜ糸を吐くのか? さなぎになるときに体を固定するのに必要だが、2齢、3齢幼虫のうちから糸を吐いているのはなぜか?
(答え) 幼虫は、安定して葉の上を歩くために、糸を吐いてその糸の上を歩いていることがわかった。
○アオムシコマユバチに卵を生みつけられた幼虫は死んでしまうのか?
(答え) どうなるか寄生された幼虫を別の容器で飼ってみた。やがてアオムシコマユバチの小さな幼虫が出てきて黄色いまゆになり、モンシロチョウの幼虫はみんな死んでしまった。さらに、アオムシコマユバチのまゆを飼育かごで飼ってみたら、まゆから小さなハチが出てきた。ちょっと気持ち悪かった。野生のモンシロチョウの幼虫にはかなりの割合で寄生されるというので、幼虫も生き残るのがたいへんなことがわかった。
○成虫はどのくらい生きるのか?
(答え) 本で調べた結果では、羽化して2〜3週間。羽化してすぐに交尾、産卵して、子孫を残す。メスが一生に産む卵は300個ぐらい。メスは1週間ぐらいのうちに、1個ずつ卵を産みつける。その中で成虫まで育つのはわずか2〜3匹。ある程度予想はしていたが、生存競争の厳しさを強く感じた。理科室で羽化した成虫は2週間ぐらい生きた。300個も産むのであればと思って、羽化した成虫数匹をキャベツを入れた飼育ケースに入れ、第2世代の卵採取にも挑戦した。何度かやってみたが、狭い飼育スペースのためか、あるいは与えるえさが原因なのか、卵を産まなかった。一度だけキャベツに卵を生みつけたことがあったが、幼虫にかえることはなかった。

4.本単元設定の背景

3年理科の生物学習

生き物は、子どもたちを引きつけます。「チョウを育てよう」の単元では、モンシロチョウの卵や幼虫をつかまえ、飼育しながら観察を続け、成虫まで育てて逃がすという活動を通して生き物についての認識を深めさせたいと思います。「卵はどれ?」「幼虫は何を食べているの?」「これからどうなるの?」など、子どもと積極的に対話を進め、疑問に答えながら学習を展開しました。

校庭敷地内でのアブラナ栽培

私の学校では、学校敷地内のフェンス沿いにアブラナを栽培し、3年のモンシロチョウの学習や高学年の花のつくりや植物の体のつくりの教材にしています。アブラナをまいてから数年たち、今は種をまかなくても校庭に自然にアブラナが咲くようになりました。毎年5月にはアブラナが咲き乱れ、モンシロチョウの飛び交う姿が見られます。以前は、モンシロチョウを探しにあちこちに出かけて行きましたが、今ではモンシロチョウの方からやってきてくれるので、たいへん重宝しています。

学校敷地内フェンス沿いのアブラナ

学習を終えた子どもからは、次のような感想が聞かれました。

「卵や幼虫をみつけるのが、楽しかった。」

「前は虫がさわれなかったけど、さわれるようになった。」

「モンシロチョウを飼うようになってから、こん虫がすきになった。」

「最初はこわかったけど、こわくなくなったと思ったとき、きれいだなと思った。」

「モンシロチョウを育てたり、世話ができて楽しかった。もう一度やりたい。」

「モンシロチョウを育ててみて、自然がすきになった。」

生き物と関わることで、子どもたちの自然を見る目、自然観、科学的認識などを育てていけるようにしていきたいと思います。

【参考文献】

・『モンシロチョウ』（ポプラ社／監修：高家 博成・写真：海野 和男・文：伊地知 英信） 2003年４月

・『ちょう』（福音館書店／著者：大島 進一） 1987年４月

コラム

４本あしのチョウ？ ＝タテハチョウ科の不思議＝

ツマグロヒョウモン（雌）

リュウキュウアサギマダラ

ツマグロヒョウモンのあしが４本しか見当たりません（左後ろの１本は隠れている）。頭から真下に伸びているのは口吻です。リュウキュウアサギマダラも４本あしに見えます。チョウも昆虫ですから、あしは６本のはず！？どういうことなのでしょうか。

事故で、あしをなくしたわけではありません。右は羽化したばかりのコミスジですが、やはり４本あしに見えます。

コミスジ

実はこれらのチョウはみんなタテハチョウ科に属し、４本あしに見えるのは、中肢と後肢です。リュウキュウアサギマダラの写真の○の中を見ればわかるように前肢は退化し、頭部と中肢の間に小さく折りたたまれています。タテハチョウ科の特徴です。

〈写真・文：堀 雅敏〉

太陽と影の動き・物の温度

東京 南多摩サークル
小幡 勝

1.単元のねらい

(1) 影は太陽と反対の向きにできる。
(2) 影の向きが時刻によって動いていることから、太陽が動いていることが分かる。
(3) 南中した時の太陽の位置から方位を決めることができる。
(4) 方位磁針を使って方位をとらえることができる。
(5) 日なたと日陰では、地面の暖かさや湿り気に違いがあることに気づく。

2.指導計画(全5時間)

第1・2時　太陽と影の動き
第3・4時　1日の太陽の動きと方位
第5時　方位磁針で方位を知る

3.授業の展開

第1・2時　太陽と影の動き

【ねらい】

・太陽と影は時刻によって動く。
・太陽は影とは反対の方に動く。

地球が西から東へと自転しているので、見かけ上、北半球では太陽は東から昇って南の空を通って西に沈む。影はその反対に動くので、影から太陽の動きを考えると分からなくなってしまう子もいるので、ていねいに活動を通してとらえられるようにしたい。

教室に南向きや東向きの窓があれば、窓から差し込む太陽の光が時刻によっていつの間にか動いていることに気づく。これを子どもたちにも意識させたい。

〈第1時〉

・準備する物;ビニルテープ

課題1　教室のまどから日がさしこんでいる。まどわくの形にかげがあるけれど、これは時間がたつと動くのだろうか。

子どもたちは、普段何気なく影の動きを見ているが、改めて聞かれると、

「動いているかじっくり見たことがないからわからない」

「動いていると思うけど、どっちに動くかまではわからない」

といった意見が出てくるだろう。

子どもたちにそうした意見を言ってもらった後、実際に教室に差し込んで光っている部分と影になっている部分の境にビニルテープをはって、5分くらい様子を見る。

そうすると影が右から左へ(朝早いと右下から左上へ、夕方近くだと右上から左下へ)と動いているのが分かる。ここまでやって、子どもたちには「今日やったこと」として、ノートに図も入れながら自分の言葉で書かせたい。

〈子どものノートから〉

・まどわくのかげが5分たって見たら、少し動いていた。太陽は右に動いたのに、かげは左に動いた。太陽と反対にかげは動くということが分かった。

(※ここではまどわくを使ってその影の動きに注目させているが、テープを日の当たる窓に貼ってその動きに注目させる方法も考えられる。)

〈第２時〉

・準備する物；ビニルテープ、遮光板、小さな丸いシール

第１時で窓の影が動いたことをとらえたので、なぜそれが動いたのかを考えさせたい。

課題２　まどのかげは、なぜ動いたのだろう。

子どもたちに簡単に意見を言わせると、

「太陽が動いたからだ」

「太陽は東から西へ動くから、影も動くと思う」などといった答えが返ってくるだろう。

そこで、日光の差し込む窓を使って、太陽の動きを観察させたい。ただ、これは直接太陽を見るわけにはいかないので、必ず遮光板を使うことと、子どもたちの見る位置（視座）がずれないようにしてあげることが必要である。

まず、窓際の床にビニルテープを２本立つ位置に貼って、そこに立たせ、遮光板を持ってひじを窓ガラスなどにつけ、太陽を見るようにする。そして、窓の太陽の見える位置に小さな丸いシールをはる。床に移る窓枠の影にもビニルテープで印をつけておく。

これで、およその太陽の見かけの動きが観察できる。ただ、子どもによって背の高さも見方も異なるので、班ごとで代表の子に何回か続けてやらせたい。

〈子どものノートから〉

・今日は太陽がどう動くのかを調べた。しゃ光板を目の前にかざして太陽の方を見て、まどのその位置に丸いシールをはっていった。５分ごとに同じ位置に立って見ると、太陽が左から右へ動いているのが分かった。だから、太陽は東から西へ動いているのだと思う。

窓ガラスにシールを貼ったところ

第３・４時　１日の太陽の動きと方位

【ねらい】

・太陽は、朝、東の方から昇って、南側を通り、夕方、西の方へ沈む。

・太陽が南中した時の影を使って、東西南北を決める。

〈第３・４時〉

・準備する物；旗立台、竹の棒、ラインカー

課題３　１日の太陽の動きを調べてみよう。

課題２で、短い時間の太陽の動きがとらえられたが、朝から夕方までとなると、よくわからない子もいる。

そこで、校庭に垂直に立つなるべく長いもの（例えば走り幅跳びの支柱）フェンスを用意して、その影を朝から夕方まで観察させたい。校庭の南側に照明灯の支柱や電柱などがあれば、それ

を利用したい。

朝、セットして、支柱の影にラインカーで印をつけ時刻も書いておく。そして、休み時間の度にやっておけば、朝から夕方までの太陽の動きが観察できる。とくに、朝夕の影が長くなり、昼の影が短くなることに、改めて驚く子も多い。

「太陽は昼に高く見えるから、かげも一番長くなると思っていたけど、反対だった」

「朝や夕方の方が長くなるんだ」

などといったつぶやきが聞こえるだろう。

課題３で書いた線を利用して、影が一番短くなった時、太陽は南の空高くにあることに気づかせ、その時太陽は“南中”したと教える。

課題４　かげが長くなったり短くなったりするが、一番影が短いのは何時ごろだろう。

朝の観察をした後、上の課題を出して子どもたちに簡単に意見を出させ、その時刻に観察させたい。影が一番短くなった時、つまり太陽が南中した時にできる影の向きが北であり、太陽に背を向けてできる影の向きが北であり、背中の方が南、右手の方が東、左手の方が西と教える。

理科年表を見ると、南中時刻は時期によってずれ、東京では11時半前後になるので、３年生には12時ごろでいいのではないか。

課題３と課題４は、同じ日にやれるといいが、やれない時はデジカメにでも撮っておいて、課題４はその映像から授業を進めてもいいと思う。

課題４をやる場合には、太陽の南中時刻を調べて置いてそれに合わせて子どもたちを校庭に出し、何本か支柱を立てて置いて、その影が同じ向きになること、そして自分たちの影も同じ向きになることを見せておきたい。

また、その後、子どもたちを一か所に集め、東西南北にある物を見つけさせる。また、その間にある物も出てくるので、北東、南東、南西、北西も加えた、八方位を教えたい。

〈子どものノートから〉

・ぼうのかげは、太陽と反対側に動いていた。ぼうのかげは、西から北の方を通って東へ動いていた。それは太陽が東からのぼって南の空を通り西にしずんでいったからだ。

　ぼうのかげが一番短かったのは12時ごろだった。それは太陽が一日のうちで一番高くなるからだ。この時太陽は南の空にあって、これを南中というそうだ。この時、太陽を背中にすると影のある方が北、右手の方が東、左手の方が西になることが分かった。

　そして、みんなのかげもぼうのかげもみんな北の方を向いていた。

第５時　方位磁針で方位を知る

【ねらい】

・方位磁針を使っても、東西南北が分かる。

・準備する物；方位磁針

課題５　雨や曇りの時、東西南北はどうやって決めるのだろう。

子どもたちの中には方位磁針を知っている子もいると思うので、簡単に意見を言わせた後、実際に子どもたちに方位磁針を見せ、雨や曇りで太陽が見えず影ができない時や夜には、方位を決めるのに方位磁針というものがあることを教える。

次に、子どもたち一人ひとりに方位磁針を持たせ、針がさしている方向が南北であることや、針に色の付いた方角に方位磁針の北を合わせて方角を見ることも教える。

その後、「もし夜方位磁針を持っていなかったらどうやって方角を知るにはどうしたらいいだろうか」と聞いて、夜間星が見える時は、北極星のある方向が北であることも教えたい。

〈子どものノートから〉

・方位磁針で東西南北を調べました。ぼうのかげで調べた南北と、方位磁針の針が差す方向が同じだった。曇りや雨の日、夜暗いところなど太陽が出ていない所でも調べることができるので便利だと思いました。また、夜は北の方角に北極星があるので、磁石がなくても星を見れば方角を知ることができるとわかった。

4. 本単元設定の背景

行動範囲が広がる3年生の子どもたちにとって、方位（東西南北）と自分の位置を知ることは大きな意味があります。社会科でも自分たちの身近な地域から自分の住む区市町村へと広がることからも方位をきちんと把握できるようにしたいものです。

ところで、3年の理科の教科書（大日本）を見てみると、「太陽のうごきと地面のようすをしらべよう」という単元名で､内容としては「日陰は太陽の光を遮るとでき、日陰の位置は太陽の動きによって変わること。地面は太陽によって暖められ、日なたと日陰では地面の温かさや湿り気に違いがあること。」をあげています。

教科書では方位磁針を使って方位を決めていますが、せっかく太陽の影の動きと方位を関連付けているので、太陽の見かけの動きを学習することで方位を学ばせたいものです。つまり、太陽が一番高く上がった時、太陽を背にしてできる影の方向が北、反対側（背中側）が南、右手の方向が東、左手の方向が西と教えます。

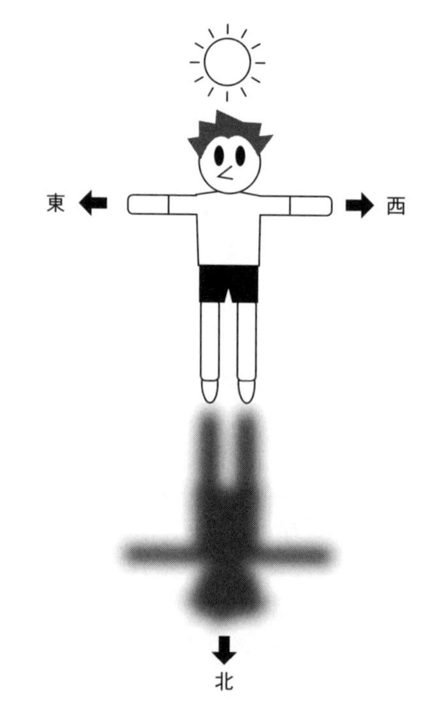

こうすれば、地図上の東西南北が一致して分かりやすい（ただ、南にある太陽の方を見ると空を見上げることになるので、空に向かって右手が西、左手が東になるので、そのあたりは丁寧に指導していく必要)。太陽とその影の動きから方位が分かる子にしたいものです。

また、日なたと日陰の地面のようすについては、地面の明るさや温かさ、湿り気に気づくようにすればよいので、条件のよさそうな場所を探しておいて、子どもたちに実感させるとよいと思います。ただ、教科書では、ここで温度計を使わせていますが、いきなり地面に温度計をさそうとして割ってしまったり、温度計に覆いをせずに太陽に光が当たって地面の温度以上に高くなってしまったりすることがあるので、注意したいところです。

「日なたと日かげの地面のようす」に付け加えたい“物の温度”の学習

1. 物の温度のねらい

(1)　物の暖かさ冷たさは、皮膚で感じたり温度計で測ったりすることができる

(2)　温度計でいろいろなものの温度やその変化を調べることができる。

(3)　物の温度は足し算ができない。

2. 指導計画(全6時間)

第1・2時　水の温度を手で感じ、温度計で測る
第3時　　水や空気の温度
第4時　　いろいろなものの温度をはかる
第5時　　0℃以下の温度
第6時　　温度の足し算は？

3. 授業の展開

第1・2時　水の温度を手で感じ、温度計で測る

・準備する物；班毎に、温度の違う水の入った水槽を3種類（氷水、水道水、ぬるま湯）

【ねらい】

・物の暖かさ冷たさは皮膚でわかる
・物の温度を正確に測るには温度計で調べるとよい。

課題1　3つの水そうの水で温度の高いのはどれだろう。

まず、指を入れて温かさ冷たさを感じさせる。

そして、手を、片方は氷水に、もう片方はぬるま湯に10秒ほど入れておいてから、真ん中の水道水に入れると、右手と左手で感じ方が違うことを確かめる。

子どもたちからは、

「氷水に入れていた手を真ん中の水道水に入れると温かく感じたけれど、ぬるま湯の方に入れた手を真ん中の水道水の中にいれると、冷たく感じた」などといった声が聞かれるだろう。手では物の温かさ・冷たさを正確には表せないので、温度計を使って同じことをし、真ん中の水（水道水）同じであることを確かめる。

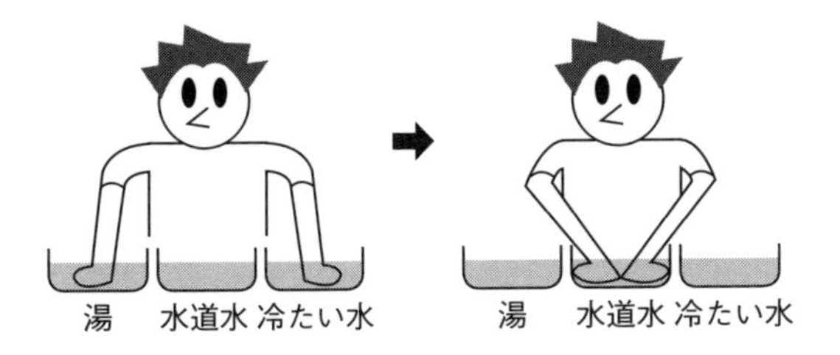

第3時　水や空気の温度

【ねらい】

・温度計の使い方を知り、使い方に慣れる。

課題3　水を使って､温度計の使い方に慣れよう。

まず、水道水をビーカーにとってその水の温度を測らせる。この時、温度計の液だめの部分を水の中に入れた状態でしばらく待ってから目盛を読むことを教える。温度計の目盛の読み方についてプリントなどを用意して練習させる。

次に、教室や廊下の空気の温度を測らせる。

第4時　いろいろなものの温度をはかる

【ねらい】

・温度計でいろいろなものの温度がはかれる。

課題　温度計を使って、いろいろなものの温度をはかろう。

温度計を使っていろいろなものの温度をはからせる。物の温度を測るときは、温度を測る物の中に温度計の液だめを入れるようにすることを教える。

また、学校内のいろいろな場所、例えば砂場や花壇、池などで、日なたと日かげの地表の温度を測る。地表の温度を測るときには、温度計を専用の金属ケースに入れて測るとよい。シャベルで穴を掘ってから、温度計を入れ、日なたでは直接温度計に日が当たらないように覆いをする。

第5時　0℃以下の温度

【ねらい】

・0℃以下の温度があることを知る。

課題　氷の温度をはかろう。

氷の温度を測るにはどうしたらよいか確認してから、氷の温度を測る。

予め、紙コップに水を入れて一晩冷凍庫に入れて凍らせる。冷凍庫から出して、ドリルなどで氷に温度計が入る穴をあけておく。そこに温度計を入れると、見る間に温度が下がっていくのが分かる。しばらくすると、周りの空気の温度が高いので、温度が上がっていく。そのことに気づいた子がいたら紹介し、ほかの班でも測るようにさせる。

ここで、0℃以下の温度があることを教える。

第6時　温度の足し算は？

【ねらい】

・ものの温度は足し算できない。

課題　温度のちがう水を合わせたら、温度はどうなるだろう。

熱い水と冷たい水をビーカーに用意してその温度を測っておく。その水を混ぜたら、温度はどうなるかを聞いて、実際に確かめさせる。温度は足し算にならないこと教える。

4.“物の温度”設定の背景

教科書のこの単元では、日なたと日かげの地面のようすを調べる学習が組まれています。ここで、地面の暖かさを調べるのに棒温度計を使わせています。温度計の使い方は、3年の教科書では、日なたと日かげの地表の温度を測る場面だけです。そもそも、温度計は物の温かさ冷たさを測る道具なので、この単元の前に「物の温度」という単元を設けて、温度を測る物にしっかりと液だめを入れることや温度計の見方、目盛の読み方に時間をかけてやっておきたいものです。温度計の液だめの部分はガラスも薄くなっていますので、日なたと日かげの地面の温度を測るときには、直接温度計を地面に突き刺すことのないようにしたいものです。

また、温度を測る前に次のように示度を合わせておきたいです。温度計の誤差は±1℃なので、温度計によっては2℃違うこともあるのです。そこであらかじめなるべくたくさんの温度計を用意して水の入ったバケツの中に入れ、同じ示度になったものを使うようにしたいものです。

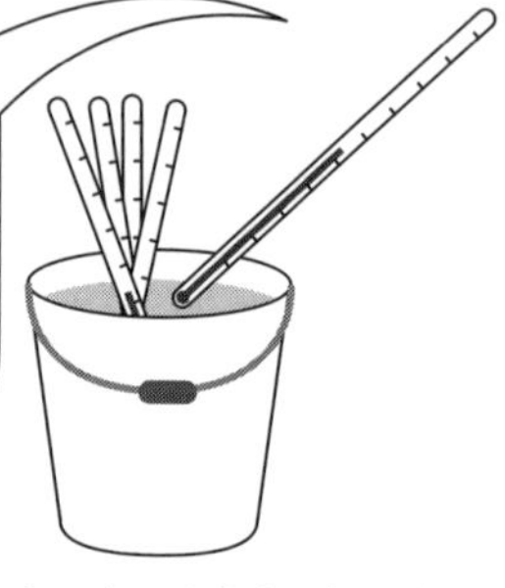

※　温度計の目盛の読み方は、次のようなプリントを用意して、ていねいに練習させたいと思います。

温度計の読み方

3年＿組　名前＿＿＿＿＿＿

1　つぎの温度計のめもりを読もう。

0をさかいに上がプラス、下がマイナス

ア（　）　イ（　）　ウ（　）　エ（　）　オ（　）

2　つぎの温度のめもりをかいてみよう。

ア28℃　イ9℃　ウ−9℃　オ−24℃　カ15.5℃

《参考文献》

・『本質がわかる・やりたくなる　理科の授業3年』堀 雅敏 著、子どもの未来社

・『理科が100倍楽しくなる！実験・観察でつくる62の授業　小学3〜6年』佐久間 徹 編著、フォーラム・A

風で動かそう

自然科学教育研究所・元東京都公立小学校
高鷹 敦

1. 単元のねらい

①風が当たるところを作ると、物が動く。
②風車は羽根をひねると、風を受けて回転するようになる。

2. 指導計画 （全7時間）

1. 1枚の紙を手を使わないでうごかしてみよう。
2. 帆のついた車を走らせよう（2時間）
3. 2枚羽根のプロペラを作ってみよう。
4. 4枚羽根の風車をつくってみよう
5. いろいろな風で動くおもちゃをつくろう（2時間）

※時間数に余裕がなければ4．までの5時間でも十分風で動かす仕組みはとらえることができる。余裕があれば、ぜひ自分でも工夫して作る事にとりくませたい。

3. 授業の展開

第1時 1枚の紙を手を使わないで動かす

ねらい：1枚の紙も、折り目をつけて風が当たるようにすると、風を受けて動くようになる。

まずは、風で物を動かすことができるということに着目させたい。それは、直接この単元でのねらいではないが、背景には「空気はどこにでもある」という認識があるからだ。高学年で「空気（気体）もモノ（物質）である」という認識がしやすくなるように、各学年で空気に関わる体験をいろいろさせておきたい

用意するもの：B5～A4くらいの画用紙を1人に3～4枚配れるように多めに用意。はさみ、セロテープ。

〈授業の展開例〉

①1枚の紙を手で触れることなく、動かせるか、と発問する。
②息で吹いたり、下敷きで風を起こして動かすことを思いついたら、さらによく動くようにするにはどうするか、考えさせる
③紙を折ったり、立ててみたりして、風を受けるようにして試してみる。
④気付いたこと、工夫したことなどを話し合う
⑤「今日やったこと・思ったこと」を書く。

私：「この紙を、手を使わないで動かしてみよう。」
（子どもたちにB5くらいの大きさの白い画用紙を配る。）
子どもたち：「ええ､できないよ。」「息で吹く。」「あ、風で動かす。」
（みんなそれぞれ吹いたり、下敷きであおいだりして動かしている。）
私：「動かせたね。じゃあ、もっと、よく動くようにするにはどうしたらいいだろう？」
（みんなしばらく考えている）
だれか：「あ､動いた！」（半分に折って吹いた）

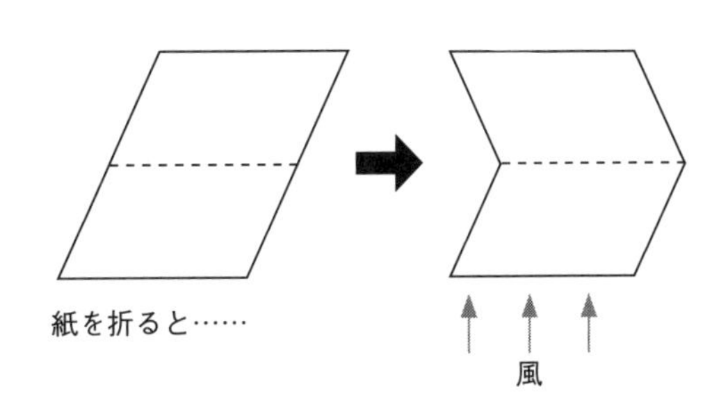

私：「おお、よく動く。なるほど、風が当たるところを作ればいいんだ。みんなも、動きやすくなるように工夫してごらん。」
（みんな、折る位置を変えたり、立ててみたり、いろいろやってみる。

（しばらくやってみて）

FT：「先生！これに、車をつけたい。」

みんな：「あ、それ、いいかも。」

私：「じゃあ、この次は、タイヤをつけてやってみよう。」

（ほかに、「じゃばら折りにしてもよく動いた。」など気付いたことを発表し合った。）

たったこれだけの授業であるが、風を受けるところを大きくすると、動きやすいが、すぐにひっくり返ったりもするので、何度も作り直しては試してみていた。

〈ノートの例〉

今日、わたしは、紙で　動くおもちゃを　作りました。まず、ただの　紙を切って

「その紙を　手で動かさないで、ほかのやり方を　考えて。」

と　先生は言ったから、いきで　ふいてみました。そしたら　動きました。あと　うかびました。そして、

「もっと　はやく　動かそう。」

と、先生が　言ったから、かいぞうして　おったり　しました。半分に　おってみたら　はやく　なりました。そして、じゃばらおりに　おったら　もっと　はやく　なりました。

「こんど　やるときは　タイヤを　つけてみよう。」

と　先生が　言いました。そして　タイヤをつけて、ただの　紙で　何もおらないで、やるのと、タイヤを　つけて　紙を　おってやったら　もっと　はやくなると　思いました。(NT)

※このように私は授業の後、『今日やったこと』を日記を書くように順番に思い出して　書いてみよう。」と、書かせてきた。このことについては『ゴムで動かそう』の“授業でやったことを書き綴ること”を参照してほしい。

第2・3時　ほかけ車

ねらい：風を受けて走る車は、風をよく受けるように帆の形や大きさを工夫すると、よく走るようになる。

用意するもの：私が実践したときは、学年で一緒にとりくみやすいように、セット教材の中からプラスチック製の車体とタイヤを購入して次の単元『ゴムで動かそう』の車にも転用した。画用紙。はさみ、セロテープ、目打ち、ペンチ。送風機か扇風機（または、うちわなど）

〈授業の展開例〉

①前の時間に実践例のように「タイヤをつけたい」というような発言があればそれを受ける形で展開するが、出ていなければ教師から「今日は風で動く車を作ってみよう」と投げかける。

②車体の作り方を教えてつくらせる。

作り方

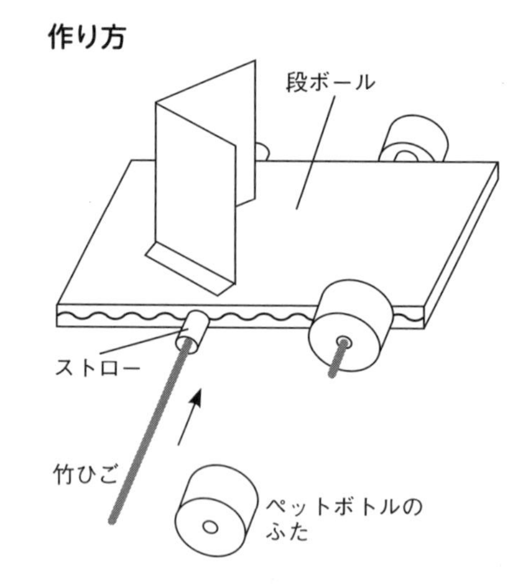

・段ボールにストローをさし込み、竹ひごを通す
・竹ひごにペットボトルのふたをとりつける
・帆の形は１つの例

③車体ができたら、風を受けて動くように帆をつけさせる。

④帆の形や大きさをいろいろ試しながらよく動くように工夫する。工夫したこと、気づいたことを話し合う。

⑤「今日やったこと」を書く。

※私の実践では、車体とタイヤを学年で購入したが、できれば家でも試してみられるように、上の図のような身近な材料を使って作らせたい。

〈ノートの例〉

『風で動くおもちゃ　タイヤつきへん』

わたしは今日風で動くおもちゃを作りました。さいしょに銀のぼうを板に入れてタイヤをつけました。次に紙いっぱい切って、はって上の図のような形を作りました。したじきで風を作り、車にかけたら、早く進みました。もっと強くしたじきで風をかけたら長く、早く進みました。したじきがある方に紙をななめにするとよく進みます。(KA)

第4時　2枚羽根の「プロペラ」

ねらい：2枚羽根の「プロペラ」は、羽根をひねると風を受けて回るようになる。

用意するもの：工作用紙、画鋲、割箸、竹串、ストロー、目打ち、段ボール（目打ちで打つときの下敷きにする）はさみ。ボンド

〈授業の展開例〉

①（演示実験）羽根をまだ折っていない「プロペラ」を画鋲で割箸にさしたものを見せ、このままでは風を受けても回らないが、回るようにするには、どうしたらいいか、発問する。

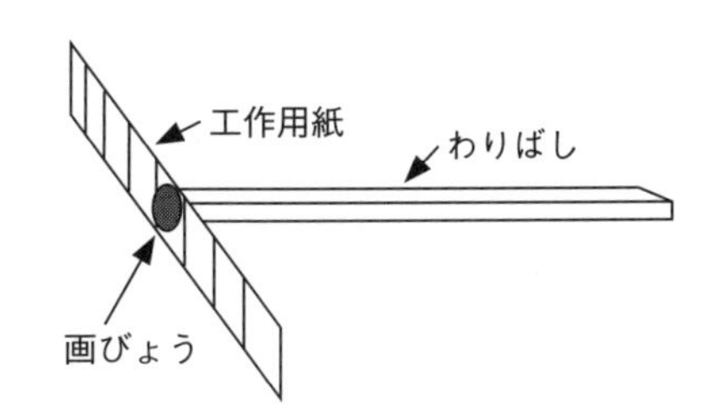

②「羽根をひねる」「まげる」などの」意見が出たら、試してみる。意見が出ないようならばあらかじめ作っておいたプロペラを見せる。

③「みんなも作ってみよう。」と呼びかけ、作り方を説明する。折線のところを目打ちの先で軽く傷つけるときれいに折れる。短く切ったストロー（またはビーズ）を間に入れる。うまく回ったら羽根をボンドで軸に固定する。

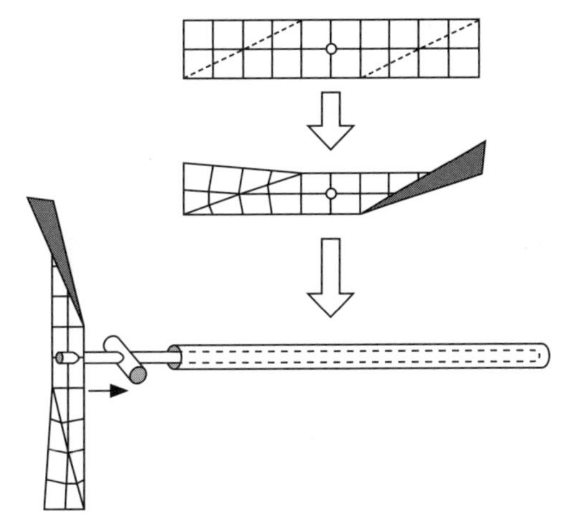

下に向けても抜け落ちないように軸の先をビニルテープで挟むなど軽い物を取り付けることで、風で物を動かしているという実感がもてる。

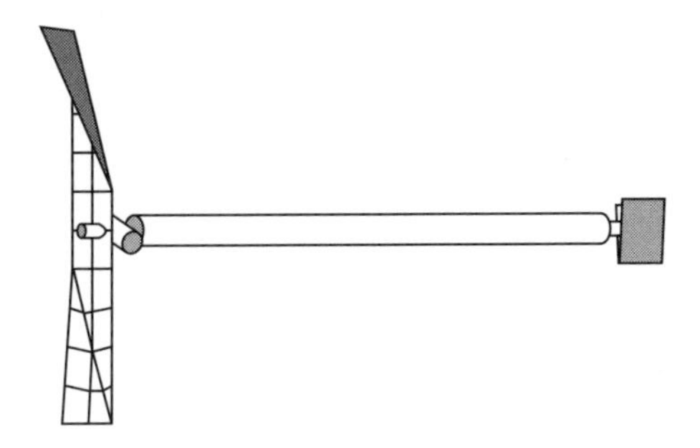

⑤「今日やったこと」を書く。

第5時　4枚羽根の「風車」

ねらい：羽根を4枚に増やすとよく回るようになる。

用意するもの：工作用紙、竹串、ストロー、目打ち、段ボール（目打ちで打つときの下敷きにする）はさみ。ボンド

〈授業の展開例〉

①この前2枚羽根の「プロペラ」を作ったけど、羽根を4枚に増やしたらもっとよく回るよう

になるかな？

②工作用紙の切り方を拡大コピーなどで示し、羽根の折り方は前回の２枚羽根を参考に自分で試しに作ってみる。（技術教育の一環として座標軸を利用して形を写し取る方法も教える）後で、工夫した結果を比較できるように最初は全員同じ寸法で作る。

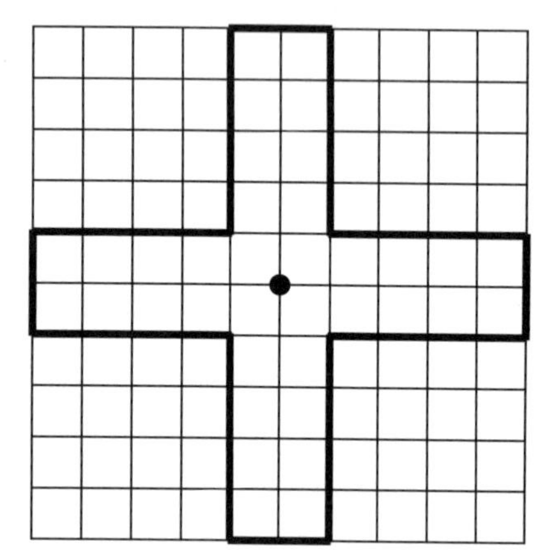

③うまく回らない子がいたらうまく回っている子の羽根と比べてみて、羽根の折り方を確かめる。

④うまく回ったら、大きさを変えたり、形の工夫をしてみる。気がついたこと、工夫したことなどを発表し合う。ねらいに沿ってみんなにも確かめさせたいことがあればみんなで試してみる。

⑤「今日やったこと」を書く。

〈ノートの例〉

今日、風車を作りました。風で動くおもちゃのぶ品（注:風で走る車を作った時の針金やプラスチックのタイヤ）と工作用紙を使います。工作用紙を、十の形に切って、タイヤのついたはり金のぼうにつけます。私は、穴をあけてみました。そして、タイヤにセロハンテープでくっつけました。つけた工作用紙に、何もしないで息を書けると、回らなかったけど、先を、同じ方こうに折ってみたら、とてもよく回りました。風車の風が当たるところをつける時、とても頭を使いました。今までで、一番頭を使った理科でした。　（ＹＭ）

第６・７時　いろいろな風で動くおもちゃをつくろう

紹介するスペースがなくなったが、時間に余裕があれば最後に挙げた【参考図書】などを参考に、工夫したおもちゃ作りにとりくませたい。

４．単元設定の背景

教科書では「風やゴムで動かそう」「風やゴムのはたらき」などの単元名になっていて、多くの社の教科書で１つの単元になっています。風で動くおもちゃとゴムで動くおもちゃは別々の単元にした方が良いと思います。それぞれ物を動かす原理が違うので、単純で基本的な形から始めて、少しずつ発展させていくような授業展開にすることで、友達の工夫もみんなで共有でき、教え合い、学び合いながら自分でも工夫できるようになります。ここでは、風を受けると物が動くことに目を向けさせ、よりよく風を受けるようにすればもっとよく動くようになるという仕組みを使うので、子どもたちもすぐに工夫できるようになるのです。

教科書では走った距離を測って表にしたりしながら風の強さと車の走り方を調べることになっていますが、風が強くなれば遠くまで走るのは自明のことなので、こうした調べ方の方に重点を置く授業では学びがいのない、発展性に乏しい授業になってしまいそうです。

また、教科書でも風力発電を紹介したりしていますが、「風車は羽根をひねると、風を受けて回転するようになる」という仕組みをとらえさせることで、今度は、身の回りで風を受けて回転しているものがひねられていたり、風を受けやすいように作られているなど、回転する仕組みが「見える」ようになると、いっそう学んだ意味を実感できるのです。

【参考図書】

・「本質がわかる・やりたくなる　理科の授業３年」堀 雅敏 著　子どもの未来社
・「まるごと科学工作」江川 多喜雄 著　いかだ社

ゴムで動かそう

自然科学教育研究所・元東京都公立小学校
高鷹 敦

1. 単元のねらい

①引き伸ばしたゴムが元に戻ろうとする力でおもちゃを動かすことができる。

②ねじったゴムが元に戻ろうとする力を使って、おもちゃを動かすことができる。

「風で動かそう」のところで書いたように、「風で動かすこととゴムで動かすこととでは物を動かす仕組みが違うので、別々の単元に分けて授業したほうが工夫を共有し合うことができ、発展性があると思う。ゴム動力の工夫といっても、ゴムをより長く引き伸ばしたり、ゴムの本数をふやしたりと、限られているので、「～したら、もっと遠くまで走った」というように事実の因果関係をとらえやすく、授業のねらいを容易に達成させることができ、子どもたちにとっても達成感が得られると思う。

2. 指導計画　全5時間

1. ゴムで動かそう

①ゴムで円ばんをとばそう
②わりばしで「発射台」を作ろう
③ゴムで走る車を作ろう（2時間）
④「コトコト車」を作ろう

3. 授業の展開

第1時　ゴムで円ばんをとばそう

ねらい：伸ばしたゴムが元に戻ろうとする力で円ばんをとばす。

用意するもの：工作用紙、輪ゴム、はさみ。「紙コンパス」（工作用紙と画鋲で作る）

※「紙コンパス」と円ばんの作り方

算数でコンパスも使うが、「手を器用にする」ことも教育的に意義の大きなことなので、次のような「紙コンパス」を使いたい。

・工作用紙を下図のように切り、1cm間隔で穴をあけておく。

・段ボールの切れ端の上に工作用紙とともに画鋲でとめ、円を描く。

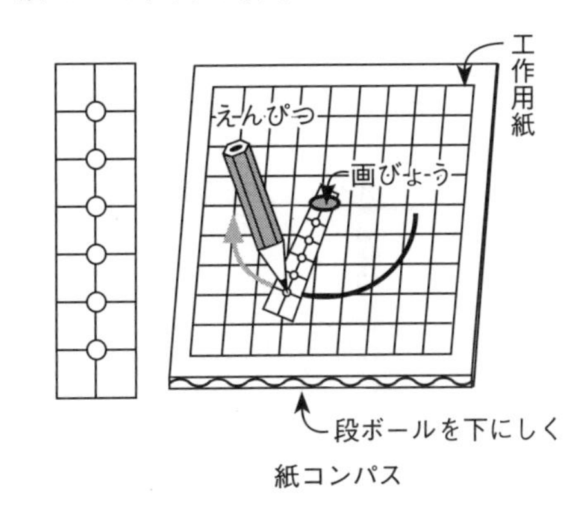

紙コンパス

〈授業の展開例〉

①「今日は輪ゴムで円ばんをとばしてみよう。」と言って、とばし方を実演して見せる。

※輪ゴムを親指と人差し指でつまみ、引き伸ばして引っ掛けた円盤をとばす。教師はあらかじめ練習しておく。

②工作用紙で作った半径3cmの円ばんに輪ゴムをひっかけるための切り込みを入れさせる。

※切込みは、V字型だと輪ゴムがくい込むので、U字型に入れさせる。

③引き延ばした輪ゴムが戻ろうとする力を感じさせながら、円ばんをとばすコツをさぐる。上手な子に教えてもらい、みんなのものにしていく。

④模造紙に大きな的を描いて黒板に貼り、教室の後ろから狙わせる。「とばしタイム」と「円ばんひろいタイム」を交互にとると、安心して円ばんを拾いに行ける。（とばす円ばんには名前を書いておく）

⑤数回試してみたら、気が付いたことや工夫したことなどを話し合い、うまくとばない子には、うまくとばしている子のとばし方を見せたり、教師がアドバイスをして、また何度か試してみる。大きさを変えてみるのもよい。

⑥その後、気が付いたことがあれば発言させ、「今日やったこと」をノートに書く。

私は授業の終わりに「この１時間の授業でやったことを思い出して、日記を書くみたいに順序よく書こう。」と言って、自分の言葉で書くようにさせてきた（最後の「授業でやったことを書き綴ること」を参照）。

〈ノートの例〉

「ゴムでとぶ　おもちゃを作った」（KA）

今日はゴムでとぶおもちゃを作りました。さいしょに牛にゅうキャップにあなをあけて（注：穴ではなく切込み）、あなにゴムを引っけて、ゴムを親指とひとさし指でひっぱって牛乳キャップの手をはなすととびます。次にまとにめがけてとばすと、当たらずに落ちてしまいました。「なんでだろう。もっとゴムを引っぱればいいのかな。」と思って、ゴムを思いっきり引っぱったらまとに当たってうれしかったです。この次の時は、もっとくふうして遠くまでとばしたいです。

※この授業をやった当時は、給食の牛乳がビンで出ていたので、牛乳キャップを集めて授業で使っていた。

「下に引っぱったら、たかくとんだ」（NR）

まず、上に引っぱったらたかくとぶかなと上に引っぱったら、下にむかってとんでいきました。どうやったら上にむかってとぶかなと思って下に引っぱったら、たかくとびました。でも黒ばんにあたってばかりでまとにあたりませんでした。いっかいだけ、まとの白いぶぶんにあたりました。

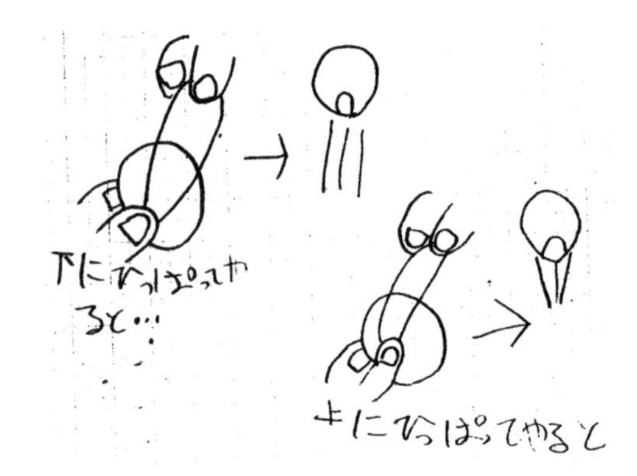

第２時　わりばしで「発射台」を作ろう

ねらい：「発射台」を作ってとばしやすくする工夫をする。

用意するもの：わりばし、輪ゴム、セロテープ、前時と同じとばすための円ばん。

〈授業の展開例〉

①「この前は、楽しく遊べたけど、輪ゴムが手にあたると痛かったね。今日は手が痛くならないでとばせる工夫をしよう。」

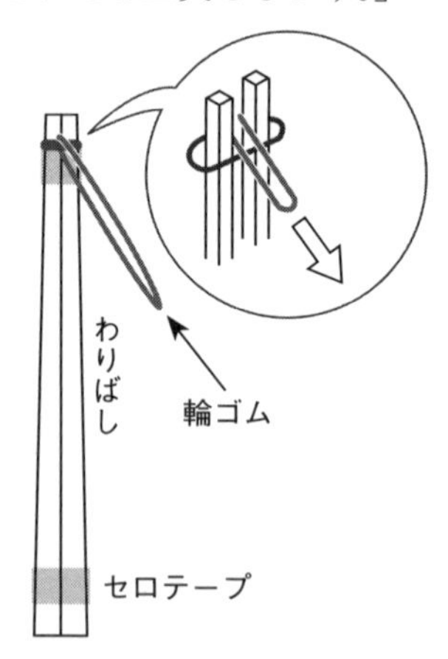

②思いつかないようなら、わりばしで作った「発射台」を見せる（上図）。

わりばしの反対側に洗濯ばさみを取り付けて発射させることもできる（下図）。

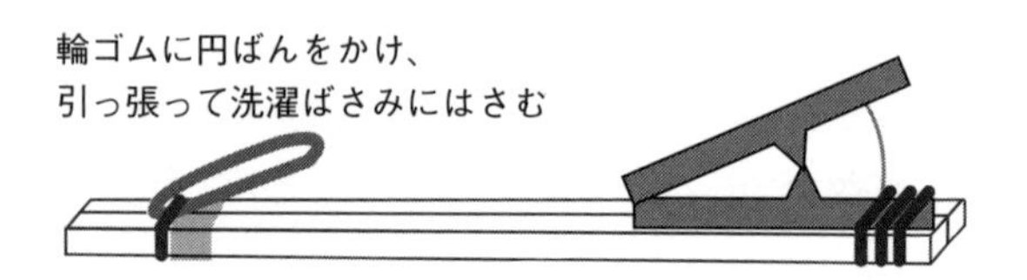

③とばし方がわかったら、前回と同じように的当て遊びをする。
④前の時間とどのような違いがあったかなど、気が付いたことを発表し合い、もう一度試してみる。
⑤「今日やったこと」を書く。

〈ノートの例〉

『手で　やったときより　まっすぐとんだ』

まず　わりばしを　たてにしてとばしてみました。すると、わりばしに　あたって　しまいました。こんどは、横にしてみました。すると、まっすぐとびました。１回だけ　まとの　赤い部分に　当たりました。たぶん、ゴムが　もとに　もどろうとする　はたらきで、とんだんだと　思います。　(NR)

※この例では、ゴムを強く引くと遠くまで飛ぶことをもう少し具体的に書けるとさらによい。

第3時　ゴムで車を走らせよう

ねらい：ゴムをつなげて長くしたり、２重にしたりすると、より遠くまで走る。

用意するもの：段ボール、ストロー、竹ひご（または竹串）、ペットボトルのふたなど、タイヤにできるもの、ゼムクリップ。はさみ、セロテープ、目打ち。

※この授業をしたときは、「風で動く車」の時に使った車体を取っておいて利用した。

〈授業の展開例〉

①この前作った発射台で、今度は車を走らせてみよう。
②車体のつくり方を説明し、作らせる。
③走らせることができたら、「もっと遠くまで走らせよう」と、走らせる工夫を促す。
④遠くまで走るようになった子はどんな工夫をしているか、発表し合ってみんなで共有する。
⑤「今日やったこと」を書く。

子どものノートを読み返すと、FRのようにゴムを引っ掛ける方法に悩んだ子がいたようだ。FTは、前回「次はタイヤをつけたい」と発言した子で、今までよりもがんばって書けたので学級だよりに載せたが、ゴムをどのように引っぱったらよく走ったのか、もう少し具体的に書けるともっとよかった。

『ゴムを　ひっぱって　走らせる　車のおもちゃ』

今日は、ゴムを使って　走る車を　作りました。さいしょは、あまり　走りませんでしたが、先生が　はりがねを　ちょっと直してくれました。そして、クリップを　おすすめしてもらったら（注：輪ゴムをひっかけるところを作り直すのに、ゼムクリップを伸ばして使うことを勧めた）、よく走りました。　(FR)

『ゴムで　動く　車でした』

今日は、ゴムの力で　車を動かしました。ゴムを　前に向かって　引くと、よく走りました。さいしょは、1m。次は3m50cm進みました。さいごに、4m5cmすすみました。ゴムの力は、すごいと　思いました。(FT)

第4時　「コトコト車」を作ろう

ねらい：ねじった輪ゴムが元にもどろうとする力で車を動かすことができる。

用意するもの：プラスチックのプリンカップ、ねん土、輪ゴム、ゼムクリップ、つま楊枝。プリンカップに穴をあける目打ちなど。

※最近、軽いねん土が多く、ねん土のタイヤが空回りすることがある。その場合は、ねん土のタイヤの中に乾電池などのおもりを埋め込むなど工夫してみたい。

〈授業の展開例〉

①完成見本品をゆっくり後ろに動かし、手を放すと「『コトコト』と前に進むので『コトコト車』という名前を考えました。でも、どうして動いたんだろう？」
②ゴムのねじれに気が付いたら作り方を説明し、作ってみる。
③工夫したことがあれば発表しあい、「今日やったこと」を書く。
・例として、「家でも同じものを作った」という日記が朝の会で発表されたことがあった。

〈ノートの例〉

『家でも作ってみたよ』

7月6日に学校で作ったものを家でも作りました。わけは、お母さんが作り方を知りたいといったので作りました。

ゼリーのカップで作りました。わかったことは、カップの下の方にあなをあけて、ねん土がカップの底より半分ぐらい出るじょうたいにすると、よく進みます。(OH)

4. 単元設定の背景

～実験・観察のスキルか、学ぶべき内容か～

教科書では「風やゴムで動かそう」「風やゴムのはたらき」などの単元名になっています。一見楽しそうに動くおもちゃを作っていますが、「ゴムを何cm引っぱると、車が何m進んだ」のようなデータとりのための実験では学びがいのない授業になってしまいます。実験・観察のスキルも大事ですが、何よりまず、学ぶべき内容をはっきりとさせるべきだと思います。そして、学んだことを使って自分でも工夫して作ることができるような発展性があってこそやりがいがあり、学びがいのある授業になります。また、作ってみては試しまた作り変えてみる過程で次のような教育的な意義もあります。

- ・物を動かす原理やしくみに気付く。
- ・材質の違いを肌で感じながらその性質を知り、その特性を工夫に活用する。
- ・道具の使い方も含めて、手の器用さを育て、物を作る技術を身につける。

授業でやったことを書き綴ること

理科で学ぶ内容は具体的なので文章に書き綴りやすいのです。それなのに、なぜか「まとめ」は要点を箇条書きに書くものと思いこまれているようです。これは、体験したことを頭の中で言葉に置き換えた上に、さらに要点を抽出するという、抽象的な思考をしなければならず、子どもにとってはむずかしいことです。せっかく楽しく活動したのに、難しい文章を書かなければならず、しかもなかなかうまくまとめられないとなったら、理科の時間が楽しくなくなってしまいます。

逆に、「今日やったことを、日記を書くみたいに順序よく思い出して書こう」ということにしたらどうでしょう。最初のうちは書くことに抵抗のある子もいますが、「まず、先生は、今日は何をやろうと言ったかな？…それで、どうやって作ったの？…やってみたら、どうなったの？…」と、声をかけながら、口頭で答えたことをそのまま文に置き換えさせます。慣れてくると、楽しく活動ができると「書きたい！」と自分から言い出す子も出てきます。こうして事実を順序よく想い起す起すことで事実と事実との因果関係や結びつきが見えてきて授業のねらいもしっかりとらえられるようになります。このように、3年生では体験した事実をしっかりと文章に書けるようにしたいと思います。事実をしっかりかけた文章は「学級だより」や「学習資料」などとして印刷してみんなで読み合うことで、授業のねらいをしっかりと共有したり、文章の書き方を学び合うことに役立てたりできます。また親にも授業で大切にしたい価値観が伝えやすくなります。

参考図書

・「本質がわかる・やりたくなる　理科の授業3年」
堀 雅敏 著　子どもの未来社2011年

日光のせいしつ

～はねかえそう あつめよう～

しもつけ理科サークル
大関 東幸

1. ねらい

・ 鏡を使えば、目的の場所に光を当てることができる。
・ 日光を集めると、ものの温度を上げ、明るくすることができる。
・ レンズで日光を集めると、紙をこがすことができる。

2. 指導計画（7時間）

(1) 鏡で日光をはね返す
(2) 日光はまっすぐ進む
(3) 日光のリレー
(4) 色・形を工夫した光遊び
(5) 日光を集めて明るさと温度を変える
(6) レンズで日光を集める
(7) 日光のせいしつのまとめ

3. 授業の展開

第1時 鏡で日光をはね返す

【ねらい】 鏡は日光をはね返すことができる。また、鏡を動かすことによって、日光の当たる方向を変えることができる。

【準備】・ガラス製の鏡（一人1枚）

課題1：日光（太陽の光）を鏡ではね返してみよう。

「(鏡で) はね返す」という言葉の確認をするが、案外分からない子どもがいる。「反射する」という言葉の方が（光が）ガラスに当たって自分の方に光り、まぶしい感覚で分かる子もいるが、全員に通じるようボールを壁に当てて跳ね返ってくる図を示してイメージをつかんだ。

その後外に出て、鏡は割れるので落とさないこと、はね返した光を人や動物に当てないことなどの注意をした後、一人に1枚ずつ鏡を渡す。

鏡ではね返した日光を壁に当てる。

子どもたちは鏡を太陽に向けるが、どのように進むかが分からないので、はね返した日光がどこにあるのか分からない。そこで、太陽に向けたら少しずつ鏡の向きを動かして日光を壁や木などに当てるとよいことを話す。一度操作できると、次からは必ず自分でできるようになる。光の行方が分かるということは、次時の光の進み方に関連してくるのではね返した光の先を確認できるとよい。

さらに、近くや遠くを照らしたり、建物や樹木等にピンポイントでねらって日光を当てたりすると、日光の進む方向を自由に操れていることになる。活動中の記録は、教師がデジタルカメラで撮影しておくとよい。本時は、子どもたちに日光を鏡ではね返してみての気付きや疑問を書かせ、時間になったら鏡を片付けさせる。

【子どものノートから】

したこと・分かったこと・感想

日光をかがみではねかえした。さいしょはたいように向けたけど光が分からなかった。けど、(鏡を)下に向けたら地めんに明るい光がうつった。少しずつ動かすと近くや遠くに光が動いた。かげの中にはねかえすとよく見えた。友だちの

光をおいかけておいかけっこをした。近いと四角い光なのに、遠いとまるい光になるのがふしぎ。　　　　　（括弧内は筆者加筆）

第2時　日光はまっすぐ進む

【ねらい】 日光はまっすぐに進むことが分かる。また、鏡ではね返してもまっすぐに進むことが分かる。

【準備】・ガラス製の鏡（一人１枚）
・手作りスリット（班に１つ）

課題２：日光はどのように進むだろうか。

「どのように進むか」というのは、はね返した日光がどこを通って向こう側を照らしているかということであることを確認する。この時間は「自分の考え」を書かせる。するとおおよそ、

ア　まっすぐに進む
イ　曲がって進む
ウ　波のように進む

の３つに分かれる。それに、

エ　分からない、見当がつかない

を付け加え、全体で話し合う。

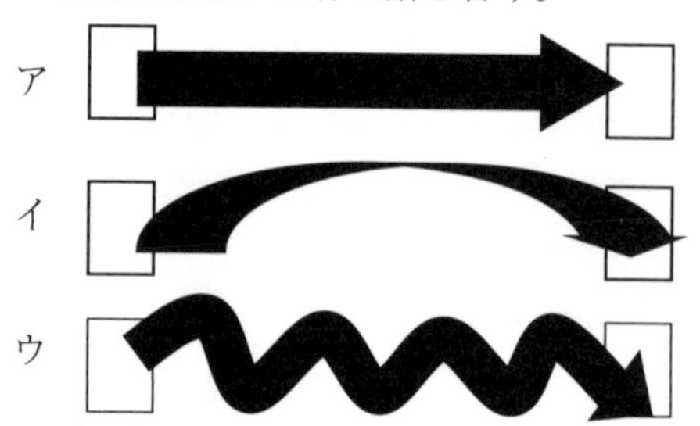

話し合いでは、考えの理由（根拠）を言わせることが大切である。クイズではないので、自分の考えの当たり外れにこだわるのではなく、はっきりした根拠をもてたことを称賛するとよい。

私が行った授業で子どもたちが混乱したのは、「もし日光がまっすぐ進んだら、１つの場所しか明るくなっていないからアではない。」と答えた子どもがいて、クラス全体が分からないという雰囲気になった。その子が言うのはスポットライトのようになり、周りは暗くなるのではないかと言うのである。そこで私はクラスにあったドッジボールを手に取って、太陽に見立て、その表面全てから光が出ていて、どのように光が進んでいるかということを確認し直した。すると、分からないという子は減った。

次に外で実験をする。１つ目は鏡を地面に置いて日光を跳ね返す。すると、写真１のように地面にはね返した日光の道ができる。

写真１

２つ目は手作りスリットで実験をする。アルミのガスレンジカバーを加工し、写真２のような装置を作って各グループで実験をした。

スリットの穴を通った光と通らなかった部分の陰がはっきりした。もし、曲がって進むなら、影の部分がなくなり、スリットの反対側全体にも光が当たっていることになる。つまり、日光が真っ直ぐに進んでいるということである。

写真２

実験後に結果をノートに書く。日向でノートを書くとノートの白さで日光が反射してまぶしく、気分が悪くなるため、必ず日陰に入って書くよう注意をする。

【子どものノートから】

したこと・分かったこと・感想《抜粋》

…かがみを地面において日光をはねかえすと、

地面に光の道ができた。だから、日光はまっすぐ進むんだと分かった。…先生が作ったスリットを使って実けんしたら、あなの開いている所から光が入りスリットと同じようなかげができた。スリットのあなを小さくすると、日光も細くなる。…

第3時　日光のリレー

【ねらい】「日光はまっすぐに進む」性質があることと、鏡で日光をはね返すことができることを利用し、日光のリレーを行うことができる。ワークシートのように３か所に日光を当てる。

【準備】・ガラス製の鏡（一人１枚）

※的にするものを光電池にモーターを付けたものにしてもよい。

課題３：日光のリレーをしよう。

日光のリレーをしよう

３年　　組　名前（　　　　　　　　　　）

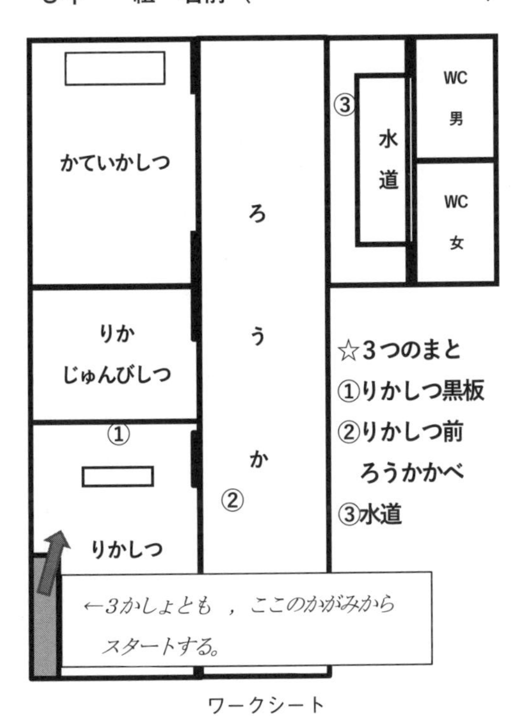

ワークシート

窓から入った日光を①は１人でねらう、②は２，３人で、③は３人以上で光のリレーをして行う。ピンポイントで当てるのは難しいので、広い所に当てる（黒板・壁面・水洗い場）。１人では鏡の向きの調整がうまくいくが、複数人で行うと、

A：もっと上に当てて！

B：さっき光が来たのに…動かさないで！

C：光が見えなくなった。雲に太陽がかくれちゃったよ！

とわいわいがやがやでなかなかうまくいかない。しかし、試行錯誤するうちにできてしまう。日光を鏡で受け止めることができれば、鏡の向きを調節してはね返すことは簡単である。

ワークシートには鏡の位置と光の進んだ道筋を矢印で書き入れ、実験での気付きや疑問を記録する。

【子どものノートから】

したこと・分かったこと・感想《抜粋》

…一人で日光をはねかえすのはすぐできたけど、②や③だとむずかしかった。時間がたつとたいようが動くのですぐにやらないといけなかった。かがみをつかって日光のリレーをすればどこでも明るくできることが分かった。…

第4時　色・形を工夫した光遊び

【ねらい】日光とかげの性質を利用し、光の形を変えることができる。また、光を透過するセロファンを使い、光に色を付けることができる。

【準備】・ガラス製の鏡（一人１枚）
・画用紙・色セロファン・ホイル折り紙・エアキャップ

課題４：光遊びをしよう。

導入部分で意欲づけのために行った方が良いのかもしれないが、あえて光の性質を少し学んだところでそれを生かして行う。いろいろな形の光を映したり、色のついた光にしたりする。演劇鑑賞会で影絵を観たり、図工の授業でセロファンを使った工作を行ったりしているので、

子どもたちに理科の学習を生かして体験させようとした。

始めはこちらで画用紙やセロファンを切って例を示したが、やっているうちに子どもの発想で画用紙（かげにする部分）やセロファン（光に色を付ける部分）の形を変えたり、セロファンを重ね合わせたり、画用紙とセロファンを組み合わせたりしていた。

考えさせるためにあえて透明のエアキャップ（プチプチシート）や色画用紙・ホイル折り紙を材料として準備しておいた。ホイル折り紙をずっと使っていた子もいたが（鏡の上に乗せて反射させても鏡の意味はないのだが…ホイル折り紙に興味があるだけ）、色画用紙を使った子は好きな形に切り抜いてカラフルに組み合わせてみたものの、日光を反射させてみると黒い影にしかならないことが分かり、セロファンに切り替えていた。

この時間はノートにどんな方法で形や色を変えて映したかを記録し、自由に活動させて記録写真を撮った。活動中のつぶやきは、子どもが活動に集中できるように教師が記録しておくとよい。

第5時　日光を集めて明るさと温度を変える

【ねらい】 はね返した光を重ねると、その場所の明るさが強くなり、温度が上がることが分かる。

【準備】・ガラス製の鏡（班に３枚）
・温度計（班に１本）
・照度計（使う場合）

課題５：日光を重ねると、明るさと温度は変わるだろうか。

今までは鏡１枚のはね返した日光だったが、その光を１か所に重ねて明るさと温度を調べる。明るさは感覚なので、客観性に欠ける場合は、教室の明るさ環境を調べるために家庭科室や保健室に置いてある照度計を使うとよい。温度は温度計をぶら下げて液だめ部分を測りたい光に当てて比べる。

課題を確認したら、自分の考えを書かせる。まず、明るさと温度のどちらとも全く変わらないという児童はいなかったので、自分の考えが以下のどれかになる。

ア　日光を重ねるほど、明るさは明るくなり、温度は上がる。

イ　日光を重ねるほど、明るさは明るくなるが、温度は変わらない。

ウ　日光を重ねるほど、温度は上がるが、明るさは変わらない。

２時間目と同じように自分の考えを発表して話し合う。アではないかという考えが圧倒的に多く、理由も日常生活の中で体験したことをもち出し、はっきりとしている。

その後外に出て、グループごとに実験をする。鏡で光をはね返す人、光に温度計を差し込み、温度を計測する子、記録する子等に役割分担する。鏡や温度計は毎回指導している通り、取り扱いに注意する。明るさについては、照度計を使わない場合、一人一人自分の目で見て明るさが変わっているかどうか確認する。

まずは日光を当ててない壁の前で日かげの気温を計測する。壁に触れないように注意する。当然明るさは暗く、温度は日かげの気温を測っているのと同じである。

次は１枚のはね返した日光、３枚…と続ける。鏡を１枚の次に３枚にするのは、違いをはっきりさせる目的のためである。１枚を２枚、２枚を３枚…で明るさや温度が比例関係にあるかを調べる目的ではないので、変化が分かればよい。

実験結果を、ノートに貼った以下のような表に記録し、分かったことをまとめる。

	明るさ	温度
かがみ なし		
かがみ１まい		
かがみ３まい		

◎かがみではねかえした日光を重ねたけっか

【子どものノートから】

したこと・分かったこと・感想《抜粋》

かがみではねかえした日光を重ねるとどんなへんかがあるかを学習しました。じぶんは重ねれば重ねるほど明るくなると思いました。りゆうはかがみ1枚で明るいからもっとあればもっとまぶしいだろうと思ったからです。おんどはかわらないと思いました。りゆうは日光に当たるとあたたかいけれど、かがみではねかえした光はたいようそのままじゃないので、かわらないと思います。たいようが3こあればもっとあつくなると思います。でも実けんをしたら、明るさはあってたけれど、おんどはまちがっていました。おんどはたかくなることが分かりました。…

第６時　レンズで日光を集める

【ねらい】 レンズで日光を集めることができる。また、その場所の明るさが強くなり、温度も上がることが分かる。

【準備】・ルーペ（一人１つ）・色紙

課題６：黒い紙の上にルーペで日光を集めると、どうなるだろうか。

課題の「集める」ということはどういうことかを、黒板に凸レンズと数本の光線を図示して確認した。

課題が理解できたら自分の考えをノートに書かせる。大体の子は「燃える」とか「煙が出る」とかズバリ言ってくるが、実体験したことがある子はほとんどいないので、ぜひ取り組ませたい。

実験は、よく晴れた日に外で行う。注意として、①直接太陽を見てはいけない。（ルーペを使わなくても）②地面や床に置きっぱなしにしない。③集めた日光を人や動物に当てない。を確認する。念のため水洗い場のそばでやるか、水を汲んだバケツを用意して行う。また、ルーペで集めた日光の一点をずっと見ていると、まぶしくて気分が悪くなることがあるのでずっと見つめることがないよう指導する。

黒い紙の上にルーペで日光を集める。しかし子どもは、ただ明るく当てるだけで「集めた」と考えてしまう。「できるだけ明るくなるように日光を集めてみよう」と助言する。ルーペを動かしながら日光が小さな丸になるように集めると、まぶしい光になり、たちまち紙から煙が上がる。そして、焦げて穴が開いてしまう。決して炎を出して燃えるわけではない。子ども達は一度集め方を覚えると、得意になって何度も繰り返す。その時に、課題を思い出させ、どうなったかを観察させる。

しばらくして、黒以外のいろいろな色の色紙で試す。黒よりも時間がかかるが、黒に近い色は煙が上がる。

煙が上がらなくても、濃い色では色褪せてしまう。一般的には、黒いものだと温まりやすいのだが、黒に近い色でも温まる。

そこで、ルーペの使い方①と③について話をする。近くの人の目の中をよく見合う。色は何色か？黒または茶色、青や緑色の子もいるかもしれない。日光を集めると高温になりやすい色をしている。つまり、ルーペで直接太陽を見るということは、目の中に日光を集めて、焦げるほどの高温になってしまうということであることを理解させる。「直接太陽を見てはいけない」ということはそういうことである。また、黒い物（服や髪の毛は特に）に日光を集めることの危険さも理解させる。

発展としては、レンズによるが眼鏡や、水の入ったペットボトルなどもルーペと同じようなレンズになることもあるので、日光が直接当たる所に置かない注意が必要であることを確認できたらさらによい。

【子どものノートから】

したこと・分かったこと・感想《抜粋》

…実験をする前、私は紙がもえてしまうと思いだいじょうぶかと思いました。みんなもそう言っていました。そして、外へ出て実けんしました。黒い紙の上に光を当ててもへんかがありません。「けむりが出た。」という声が聞こえてどうやるか聞いたら、光を小さい円にするということが分かりました。やってみるとすぐにけむりが出てきてびっくりしました。ずっとしていると紙にあながあきました。先生に白い紙をもらってやってみるとぜんぜんもえなかったです。黒い紙を重ねてやってみると下の白い紙もこげてしまいました。黒い紙の上にルーペで日光を集めると、紙がもえるほどあつくなることが分かりました。目の中も黒いから目がつぶれてしまう理由が分かった。

第7時　日光のせいしつのまとめ

【ねらい】 日光の性質を確認し、それを生かした生活を知る。

課題7：日光のせいしつをまとめよう。

単元の学習のまとめをする。ここでは今までの学習で分かった日光の性質を確認し、それがどのように生活にいかされているか具体例を示しながら学習する。１時間では難しいかもしれないが、５時間目の実験の応用として、ソーラークッカーの紹介や実演も併せて行えるとより日光の性質の利用が分かりやすい。また、夏と冬の服装で、服の長短や厚さ薄さ、素材の違いだけではなく、色の違いに着目させることもしたい。今まで学習してきた日光をはね返すことや日光を重ねること・集めることを利用していることに気付いてほしいと思うからである。

４. 本単元設定の背景

「朝太陽が昇り、夕方沈む。」ことは子どもたちにとって当たり前であり、日光については身近なことです。また、「太陽を見るとまぶしい」とか「日なたぼっこをすると体があたたまる」といった日光の性質について経験もしています。さらに、「窓に日が当たってまぶしい」などと日光が跳ね返ることも経験しています。それらの経験を生かしながら日光の性質の学習を進めたいです。また、前単元「太陽と影の動き」で日光について学習しており、想起させながら学習を進められるとよいでしょう。

教科書では「光のせいしつ」という単元ですが、光源となるのは日光です。ですから、日光限定の学習にしました。

今後は、光電池や光合成等日光をエネルギーとして利用する学習や、日光が当たって輝く天体の学習につながっていく基礎の部分だと思います。日光の性質を体験しながら理解させたいです。

天気と相談の単元で教師にとっては進めにくい単元かもしれませんが、日光という光の性質をたっぷりと体感できるよい機会だと思います。エネルギー利用の基礎となるので、学んだことを生かしながら生活できるようにしたいです。

【参考文献】

堀 雅敏 著『本質がわかる・やりたくなる理科の授業３年』（子どもの未来社）

電気で明かりをつけよう

栃木・しもつけ理科サークル
山﨑 美穂子

単元のねらい

・乾電池と豆電球で回路を作ると、豆電球に明かりがつく。
・回路の途中を切って金属をはさんでも、電気は流れる。
・金属は金属光沢・延展性があり、電気の良導体である。

指導計画（全９時間）

(1) 豆電球やソケットなどの名称としくみを知る。……………………………………… 1時間
(2) 回路ができると、豆電球に明かりがつく。……………………………………… 1時間
(3) ソケットがなくても回路ができていれば豆電球に明かりがつく。………………… 1時間
(4) 回路の途中を切って金属をはさんでも、電気は流れる。……………………………… 1時間
(5) 豆電球テスターを使うと、金属さがしができる。……………………………………… 1時間
(6) 被覆してある金属は、被覆をはがせば電気が流れる。……………………………… 1時間
(7) 導線が長くても、回路ができていれば電気は流れる。……………………………… 1時間
(8) 金属は金属光沢・展延性があり、電気をよく通す良導体である。………………… 2時間

授業の展開

第1時　豆電球やソケットなどの名称としくみを知る。

＊準備するもの

豆電球、演示用の大きなクリア電球、ソケット、乾電池、紙やすり

〈課題１〉豆電球とかん電池を使って、明かりをつけてみよう。

最初に次のことを子どもたちと一緒に確認した。その後、豆電球をソケットにはめて乾電池につなぎ、明かりのつくつなぎ方を考えて一人一人に明かりをつけさせた。

○豆電球とソケットの仕組み

・豆電球には、ガラスの球のような明かりがつくところと、ねじのようなところがある。
・ガラスの球の中には「フィラメント」というものがあり、その部分が光る。（大きなクリア電球を使用。）
・ソケットは内側がねじになっていて、その下から２本の線が出ている。
・豆電球をソケットにねじって入れ、奥まで届いて止まれば正しくはまっている。

○導線について

・ソケットから出ている線の多くは赤と緑になっていて、その先から銀色の線が出ている。
・青や黄色などのビニルが巻いてある導線もあるが、それをはがすと金属の線が出てくる。

○乾電池について

・乾電池には、一方にはへそのような出っぱりがあり、反対側には平らな部分がある。
・出っぱったところを「プラス極（＋）」、平らなところを「マイナス極（－）」という。

※実験の留意点・注意点

・豆電球をソケットに奥までねじって入れる。
・導線を強く電池に押しつける。
・それでもつかない時は、導線の先を紙やすりでこする。

〈今日やったこと〉

今日ぼくは、豆電球と電池を使って明かりを

つけました。豆電球の名前でフィラメントというものがあったとはじめて知りました。いろいろ電球について知れてよかったです。−と＋がぎゃくでも明かりがつきました。(HN)

第2時　回路ができると、豆電球に明かりがつく。

＊準備するもの

豆電球、ソケット、乾電池、ワークシート

> **〈課題２〉** 豆電球に明かりがつくつなぎ方、つかないつなぎ方を考えよう。

ワークシートに、あらかじめ11種類のつなぎ方を書いておき、個人で実験させた。ここでは図を見て同じようにつなぐ練習も兼ねているので、作業に対する支援も重要になる。

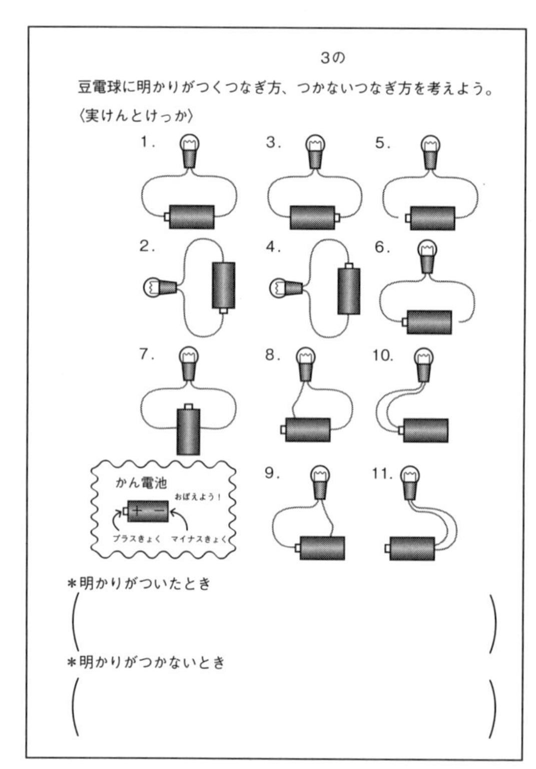

ワークシート

T：明かりがついたつなぎ方に共通していることは何でしょう。

C：乾電池のプラスとマイナスに必ず導線がついている。

C：乾電池と豆電球が導線にはさまっていて、全部がぐるっと輪っかみたいになっている。

以上のようなやりとりの後「回路」という言葉を教え、乾電池と豆電球で回路を作ると、豆電球に明かりがつくことを押さえた。

〈今日やったこと〉

今日は豆電球がつくかつかないかをやりました。つくときは＋と−にどう線がついていて、つかないときは＋と−にどう線がついていないときでした。回路は「わ」になっていても＋と−についていないとだめでした。(HZ)

第3時　ソケットがなくても回路ができていれば豆電球に明かりがつく。

＊準備するもの

豆電球、導線２本、乾電池

> **〈課題３〉** 次の方ほうで豆電球をつけてみよう。
> ①どう線２本、ソケットなし　②どう線１本、ソケットなし

〈みんなの考え〉

①

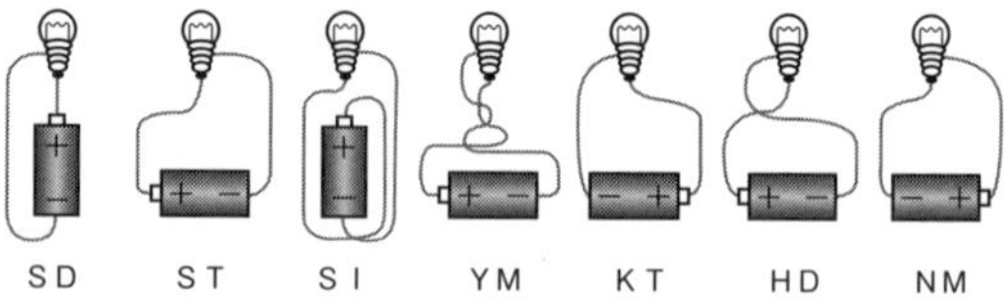

SD　ST　SI　YM　KT　HD　NM

②

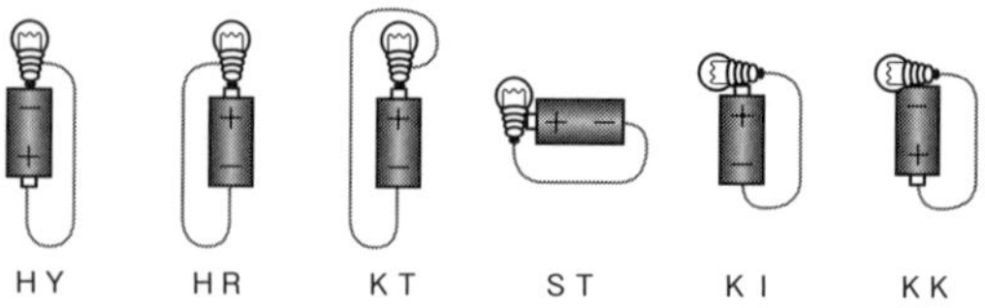

HY　HR　KT　ST　KI　KK

※実験の留意点・注意点

・導線が熱くなったら、すぐに手をはなす。（ショート回路になることがあるため。）

・一人で押さえるのが大変なときは、セロハンテープを使ってとめてもよい。

①②それぞれについて同じ考えはどれか、またその理由を話し合い、①は２パターン、②は４パターンにまとめた。

〈今日やったこと〉

今日はソケットを使わないで明かりをつけました。どう線と電池と豆電球を使いました。どう線を電池に１本でつけるのと２本でつけることをやりました。まず２本でつけるときは、１本をプラスきょくにつけて、もう１本をマイナスきょくにつけて、どう線の反対がわに豆電球をつけたら、明かりがつきました。１本のときはプラスきょくのでっぱりの上に豆電球をおいて、１本のどう線をマイナスきょくと豆電球につければ明かりがつきました。回路がきちんとできていないと明かりがつかないこともわかりました。（ＡＧ）

第4時　回路の途中を切って金属をはさんでも、電気は流れる。

＊準備するもの

豆電球、ソケット、乾電池、アルミホイル

〈課題４〉アルミホイルは電気を通すでしょうか。

最初にアルミホイルは「アルミニウム」という金属を薄く延ばしたものであることを教えた。この課題は、この後の金属につなげるためのものである。この時間はあえてアルミホイルだけを扱い、形にかかわらずアルミホイルは電気を通すことに気付かせたい。

〈みんなの考え〉

ア　通す・・・・・・・22人

イ　通さない・・・・・０人

ウ　まよっている・・・２人

ＴＨ（ウ）アルミホイルは金属だから電気を通すかもしれないけど、うすくて紙のようだから通さないかもしれない。

ＫＴ（ア）アルミホイルを棒のようにして、導線と同じように細くなるから通すと思う。

ＳＧ（ア）アルミホイルは金属でできているので、ソケットの導線も同じ金属でできているから、電気は通ると思う。それに導線とちゃんとくっついているから。

ＫＩ（ア）金属は電気を通すと思ったから。

ＫＫ（ア）電気を通すと思う。なぜなら、導線は金属でできているから、アルミホイルも金属でできていて、それは同じ事だから電気を通すと思う。

〈実験〉

アルミホイルをねじって細くしたものと、ソケットからの導線をねじってよくふれ合わせる。片方はソケットからの導線、もう片方はアルミホイルをそれぞれ電池につけて実験する。

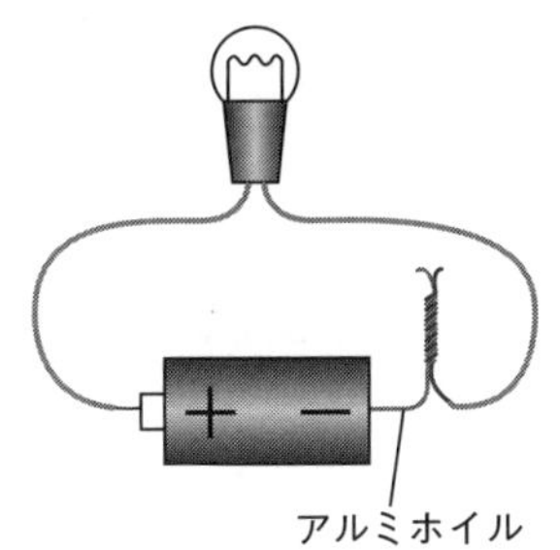

（演示実験）

〈結果〉　ア　通す

〈つけたし〉

アルミホイルを丸めたものと、長くのばしただけのもの（ペラペラ）でも明かりがつくかどうかを実験した。長くのばしただけのものは、端と端でもつくし、片方の導線だけ聴診器のようにいろいろなところに動かしても明かりがつくことも確認した。

〈今日やったこと〉

今日やった実けんは、ソケットはありますが、プラスきょくにつくどう線と電池の間に、ものをはさむと電気はつくのか、という実けんです。今日はアルミホイルをはさみました。今日わかったことは、アルミホイルはどんな形でも電気を通すこと、そしてアルミホイルはアルミニウムという金ぞくをうすくペラペラにしたものだということです。アルミホイルをペラペラのままやったり、ぼうのようにしてやったりするとつくかなと思っていましたが、ボールのようにするとどうなんだろうと思っていたので、発見できてよかったです。（ＫＴ）

第5時　豆電球テスターを使うと、金属さがしができる。

＊準備するもの

豆電球、ソケット、導線１本、乾電池、電池ボックス、調べるもの（はさみ、くぎなど）、ワークシート

〈課題５〉豆電球テスターを作って、電気を通すもの・通さないものを調べよう。

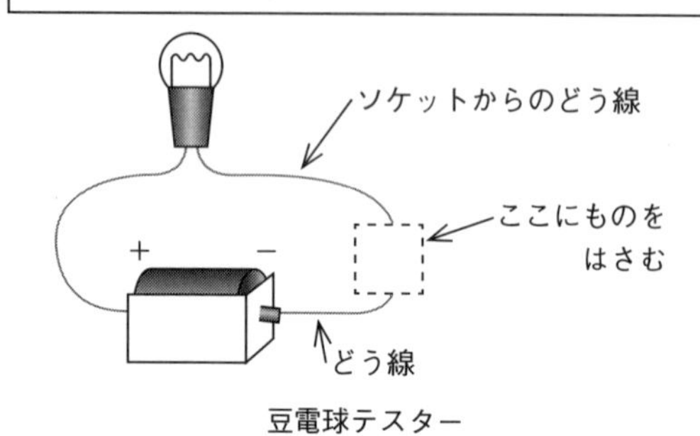

豆電球テスター

あらかじめ下の８つのものを用意しておき、それぞれ「何でできている？」と問いながら、考えを聞いていった。

〈みんなの考え〉

調べるもの	通す	通さない
はさみの切るところ	25人	0人
はさみの持つところ	0人	25人
つまようじ	0人	25人
画用紙	0人	25人
くぎ	25人	0人
画びょう	25人	0人
わゴム	1人	24人
クリップ	25人	0人

〈実験〉

８つのものをセットにして用意し、班ごとに実験をした。終わったら自由に調べてもよいことを話して、教室内で金属さがしをさせた。

〈結果〉

○電気を通したもの・・・はさみの切るところ、くぎ、画びょう、クリップ

○電気を通さなかったもの・・・はさみの持つところ、つまようじ、画用紙、わゴム

〈今日やったこと〉

今日は豆電球テスターを作って電気を通すもの・通さないものを調べました。金ぞくは電気を通すものだと知りました。つくえのあしのはげているところはつきました。いすもはげているところ・ぬってあるところを調べました。いすもつくえと同じでした。(ＫＳ)

今日は豆電球テスターを使って電気を通すか通さないかを調べました。金ぞくは電気を通して金ぞくじゃないものは電気を通しませんでした。めがね(フレーム)が電気を通さなくてびっくりしました。(ＳＤ)

第6時　被覆してある金属は、被覆をはがせば電気が流れる。

＊準備するもの

豆電球、ソケット、導線１本、乾電池、電池ボックス、金属の板（真鍮・銅・アルミニウム・鉄）、硬貨（数種類）アルミ缶、紙やすり

〈課題６〉身の回りの金ぞくを見つけよう。

〈実験１〉電気が通るかな？

・真鍮（金色）

・銅（茶色）

・アルミニウム（銀色）

・鉄（銀色）

それぞれ金属の板を見せながら名前を紹介し、豆電球テスターを使って、電気を通すかどうかを調べた。その後、硬貨でも同じように電気を通すかどうかを調べた。(演示実験)

〈結果〉

金属の板も、硬貨もすべて電気を通す。

〈実験２〉

①アルミ缶で調べよう。

アルミ缶の色が塗ってあるところと、紙やすりで削って色を落としたところで、電気を通すかどうか確かめた。(児童実験)

②金属さがしをしよう

豆電球テスターを使って、金属さがしをした。明かりがついたら金属だといえることを押さえ

てから実験に入った。(児童実験)

〈結果〉

①色が塗ってあるところ→つかない

　削って色を落としたところ→ついた

②教室内で見つけた金属

　机やいすの脚（色のはげた部分がついた）、本棚、いすのねじ、カーテンレール、ランドセルの金具、先生の腕時計の金具、名札の安全ピン、筆箱の金具、洋服のボタン、ファスナーなど

〈今日やったこと〉

　ぼくは、アルミかんは電気を通すかどうかをやりました。ぼくは、色がぬってあるところでやったらつかなかったから、紙やすりでけずって金ぞくがでてきて、ためしてみたらつきました。ぼくはさいしょ色のついたところでやったらつかなかったから､けずってもつかないと思っていたけど、ついてびっくりしました。(MR)

第7時　導線が長くても、回路ができていれば電気は流れる。

＊準備するもの

豆電球、ソケット、導線１人１本、乾電池

> **〈課題７〉**どう線を長くしても明かりはつくでしょうか。

Ｔ：今日は、今まで使っていた導線を長くしても、明かりがつくかどうかをやりたいと思います。

Ｃ：つくよ。だって２本つなげたときついたもん。

Ｔ：そうだね。２本つなげてやっていた人がいたよね。前は電池も増やしていた人がいたけど、今日は電池１個ね。そのかわり、導線はどんどんつなげて長くしてもいいです。つなげるときに、しっかりねじってくっつけてね。しっかりついていないと、回路が切れて明かりがつかなくなるからね。

〈実験〉

　５人グループで、まずは一人一人の導線（約15cm）をつなげて実験し、その後他のグループと合同にしてどんどんつなげていった。

※教科書にはこのような課題があったので、ここで軽く扱った。今回は１本の長い導線を使うのではなく、クラス全員の導線をつなげて実験を行った。大切にしたことはつなぎ目をきちんとねじって接触させ、回路に切れ目を作らないこと。今までの学習の復習にもなる。

〈今日やったこと〉

　今日はどう線をふやしても明かりはつくか実けんしました。はじめはグループの５人でどう線５本でやってみました。とちゅうでつなぎ目が切れなかったので、明かりはつきました。次にはクラス全員の30本を全部つなぎあわせたのですが、つなぎ目が多かったのでとちゅうで切れてしまって明かりがつきませんでした。でも、みんながひとつずつつなぎ目をおさえたので、さいごはつきました。やはり１本のときよりは明かりは弱かったけれど、30本でついたのがとてもうれしかったです。長さをはかってみたら４m80cmもあってビックリしました。(ＳＧ)

第8・9時　金属は金属光沢・延展性があり、電気の良導体である。

＊準備するもの

鉛の粒、錫の粒、アルミニウムの太い針金、ハンマー、金床（なければ、厚い金属の板など)、豆電球、ソケット、導線、乾電池

> **〈課題８〉**金ぞくとはどのようなものでしょう。

〈みんなの考え〉

・つめたい　　　　　　・つるつるしている

・キラキラしている　　・曲げにくい

・ピカピカしている　　・かたい

・光っている　　　　　・きずが目立つ

・かがやいている　　　・電気を通す

・かがみのようにはんしゃする　(物を映す)

・ぬらすとさびる

Ｔ：この中で、つけたしや「これは違うんじゃないかな」と思うものはありますか。

Ｔ：金属は冷たいと書いた人がたくさんいたけど、いつでも冷たいかな？

C：冷たいよ。ぼくは暑いとき、いつも椅子の金属のとこをさわってるけど冷たいから。

C：でも、夏太陽にあたっていると熱くなる。

C：今もロッカーのところの手すりは熱いよ。

T：そうだね。夏の鉄棒とかすべり台とかすごく熱いんじゃない？

C：うん。やけどしそうになる。

C：あとね、なべとかで料理をしているときは、すごく熱くなってる。

T：ということは、冬はたしかに冷たいけど、夏は熱いし、冬でも太陽にあたるとすぐに熱くなるから、これはいつもそうとはいえないかもしれないね。

C：「かがみのようにはんしゃする」も違うんじゃない？

C：クリップは映さないよ。

C：えっ、映すよ。

T：小さいけど、よーく見るとどうだろう？

C：映ってる！

T：これは大きさにもよるかもしれないけど･･･一応○かな。

C：「ぬらすとさびる」はぬらさなければさびないから・・・。

C：さびると黒くなる。

T：鉄なんかは、よくさびるよね。でも、さびにくいものもあるんだよ。

T：ちょっと整理すると、金属の特徴は３つあります。一つ目はみんなが言っていたように「ピカピカ光る」ということ。２つ目はこの前勉強したばかりの「電気を通す」ということ。３つ目をこれから実験で確かめたいんだけど・・・。実はみんなの意見の中に反対のことが出てきているんだよね。なんだと思う？

C：あっ、アルミホイルってやわらかいよね。

C：アルミニウムって曲げられるの？

T：ここにある針金は太いけど（曲げて見せながら）、曲がります。アルミニウムって結構やわらかい金属なんです。ということは・・・。

C：「かたい」と「まげにくい」が違う！

T：そうなんです。金属って曲げられるんです。今日は「なまり（鉛）」という金属を使います。鉛って聞いたことあるかな？ＫＳさんは、知ってる？

KS：釣りのおもり！

T：そう。釣りのおもりとしても使われています。（鉛の粒を見せながら）色は少し黒っぽいです。よく見ると光っています。金属なので、この粒も電気を通します。（前で演示実験。豆電球に明かりがつくのを見せる。）

T：今日は、この粒をハンマーでたたいてみます。どうなると思う？

C：われる。

C：グリンピースみたいにぐちゃっとつぶれる。

T：では、次の時間に実際にやってみましょう。

〈実験〉

金床とハンマーを使ってグループごとに実験をした。鉛は個人で、アルミの針金とすず（錫）の粒はグループで行った。

※実験の留意点・注意点

- **鉛や鉛を触った手は絶対に口に入れない。**
- **実験が終わったら必ずよく手を洗う。**
- **ハンマーを高く振り上げない。**
- **金属をたたく際は、始めはやさしく、少しつぶれてきたらだんだん強めにたたく。**
- **つぶれた金属はとがった部分もあるので、けがをしないよう気をつける。**

〈今日やったこと〉

私は今日、なまりの丸いつぶと少しつぶれたかんじのすずのつぶとアルミニウムのはり金を

つぶしました。全部きれいにのびました。３時間目に先生から金ぞくのとくちょうを教えてもらいました。４時間目には図工室に行って、かなとこをつくえにおいて、その上になまりをおいてかなづちでうつと、どんどんつぶれていきました。そしてどんどんやわらかくなったのでびっくりしました。(ＴＨ)

ぼくはなまりという金ぞくをかなづちでつぶしました。ぼくはさいしょ金ぞくで重かったからたたいてもつぶれないと思っていたけど、やってみたらつぶれました。すずとアルミニウムのはり金も同じようにつぶれました。つぶれたすずとはり金となまりをどう線につないだら、豆電球がつきました。(ＭＲ)

本単元設定の背景

(1) はじめての「電気の学習」を意識して

小学校３年生で学習する本単元は、理科で学ぶ「電気の学習」の導入にあたります。最近では乾電池を自分で使ったことがなかったり、豆電球を見たことがなかったり、紙やすりを知らなかったりと、こちらが思っている以上に日常経験が乏しいです。そのため、当たり前だと思っていることでも、一つ一つ丁寧に取り組むことが必要になります。そのような手順を踏むことで、子どもたちも新鮮な驚きをもって学習に取り組むことができると考えました。

本単元では、電気の学習の初歩的な部分をきちんと押さえて今後の学習につなげると共に、一人一人が実際に手を動かして作業をする時間を十分に確保して操作に慣れさせたいと思います。しかし、それがただの作業に終わってしまうことのないように気を付けながら、ねらいを明確にした授業作りを心掛けて実践しました。

(2) 材質に目を向けさせること

課題５の「電気を通すもの・通さないもの」のところで、ワークシート(〈みんなの考え〉の表が、ワークシートに人数を書き込んだもの)には材質ではなく物の名前で書いてしまいました。授業の中では材質を明らかにして子どもたちに課題を出したのですが、やはり「何でできているのか」をきちん認識させるためにも、材質を明記した方がよかったと思います。

(3) 金属の学習を入れたい

今回は単元の最後に金属の学習を入れました。初め児童は「金属＝鉄」という認識が強く、金属のことを「鉄」という言葉で表現する子もいます。意識的にいろいろな金属を見せて共通する性質を考えさせ、「金属とは何か」をきちんと捉えさせたいと思います。そのことが今後の学習にも生かされてくるからです。

金属がつぶれて延びることは、子どもたちにとって大きな驚きです。是非一人一人に実験をさせ、つぶれて平たくなっても金属は電気を通すことを示して、単元のまとめとしたいと思います。

(4) 事実を言葉で綴る・つなぐ

３年生も後半になると、ノートもだいぶ書けるようになってきます。考えたことややったこと、確かになったことなどをきちんと言葉で綴らせたいと思います。目の前の事実を言葉で表現することは、自分の思考を整理し、認識を確かなものにする意味で、とても大切なことだと思うからです。子どもなりの表現なので不十分な面はあるかもしれませんが、自分の持っている言葉で丁寧に事実を綴り、未知の事象に出会ったときにそれらをつなぎ合わせて考えていくことが大切なのではないでしょうか。

［参考文献］
池田 和夫「小学校３年　電気と金ぞくさがし」『理科教室』2013年10月号

磁石の性質

－学んだことを使って調べる学習を！－

自然科学教育研究所
高橋 洋

〈事前準備〉

１人３このフェライト磁石（両面がＳ極・Ｎ極、極の記入なし）を購入しておく。

磁石（永久磁石）の学習は小学校３年で行われるだけである。おもちゃ作りを通して、磁石の性質を活用する場を広げたい。上の３つのフェライト磁石はおもちゃ作りにも使う。

１．単元のねらい

Ａ）磁石と鉄は引き合う。

①磁石は鉄を引きつけ、鉄は磁石を引きつける。

②磁石が鉄を引きつけるはたらき（磁力）は間に物があってもはたらく。

Ｂ）磁石にはＳ極とＮ極という二つの極があり、異極は引き合い、同極はしりぞけ合う。

③磁石の鉄を引きつけるはたらきは両端（極）が強く、Ｓ極とＮ極という。

④方位磁針も磁石であり、磁石を自由に動くようにすると南北を指す。

Ｃ）磁石についた鉄は磁石になる。

⑤鉄のクリップは磁石になる。

２．指導計画（11時間）

⑴ 磁石につくものは鉄である

①磁石につくものは鉄であることを知り、鉄さがしをする。

②磁石は物をへだてたり、間があいていたりしても鉄をひきつける。

⑵ 磁石にはＳ極とＮ極という２種類の極があり、異極は引き合い、同極はしりぞけ合う。

③磁石の両端は磁力が強い。

④磁石には二つの極があり、Ｎ極・Ｓ極という。（引き合う・反発する）

⑤磁石を自由に動くようにすると、南北をさす。

⑶ 磁石の性質を使って調べる。

⑥方位磁針も磁石である。

⑦磁石についた鉄の棒は磁石になっている。

⑧磁石の一つの極に２本の鉄の棒をつけると、棒のはじが同極になって開く。

⑨鉄のクリップで磁石を作る。

⑷ 磁石を使ったおもちゃづくり

３．授業の展開

（１）磁石につくものは鉄である

第１時　磁石をつかってあそぶ。

・１人に３個ずつフェライト磁石を配って、シールを貼らせ、名前を書かせる。

・名前を書いたら、「落とすと割れてしまう」ことがあると話し、時間を決めて自由に遊ぶようにする。最後に15分ほど時間をとり、「今日やったこと」を発表させて、ノートに書かせる。

次のような活動が見られるだろう。

あ）磁石のおいかけっこ

い）磁石の電車ごっこ

う）本の上の磁石を下から他の磁石で動かす

え）机やいすの脚にくっつける

お）手に持った磁石で手の甲の磁石が落ちないなどなど。

※ここでの活動は、一人一人が経験を通して次のことをつかむことになる。

あ）…磁石と磁石は逃げる

い）…磁石と磁石はくっつく

う）…磁石はノート（本、机など）があってもはたらく

え）…磁石につく物とつかない物がある

お）…磁石は間に手があってもくっつく

こういった個人個人のとらえ方を、学級全体の共通認識に高めていくことがはじめの学習になる。磁石と鉄はくっつく。磁石にくっつく物は鉄でできていることをとらえさせる。

〈子どものノート例〉

今日、まるい磁石を３つもらって、磁石で遊びました。１つを机の上に置いて二つくっついた磁石で追いかけると逃げていきました。２つ机の上に置いてもう一つの磁石で追いかけると、二つとも逃げていったり、一つがくっついたりしました。２つの磁石で耳たぶを挟んでも落ちませんでした。机の上の磁石を机の中から動かせたのでびっくりしました。

第２時　磁石につくのは金属の中の鉄である。

はじめに、前時の復習として磁石がくっつく物とくっつかない物を発表させ、そのいくつかを調べる。

※グループごとに数種類の物を入れた箱を配り、課題を出す。復習をかねて教師が通電性を確かめる。

【課題１】箱の中にある物はどれも磁石につくだろうか？

・各グループに、箱に入れたくぎ（鉄、銅）、クリップ、スプーン（鉄、ステンレス、プラスチック）、くさり（アルミニウム、鉄）三角定規などを配って予想しながら確かめるように指示する。

・ある班には磁石につくくぎやスプーンだけを入れておき、別の班には磁石につかないくぎやスプーンを入れておく。

・班ごとの発表から違う結果が報告されるようにする。同じ製品名でも磁石につくくぎやスプーンと、つかないくぎ・スプーンがあること（材質の違い）に目を向けさせる。

発表された結果を板書して気づいたことを発表させ、材料の違いに気づかせる。

材質の違いに気づいたら、「磁石についたものは鉄でできている」ことを教え、ノートに今日やったことを書かせる。

〈付けたしの実験〉

金属テスター（下図）を使って、電気を通すのは金属だけど、磁石にくっつくのは鉄だけということを教師実験で確認する。

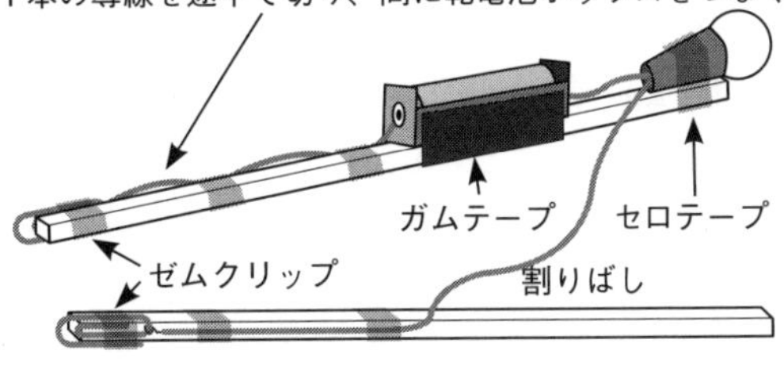

※１本の導線を途中で切り、間に乾電池ボックスをつなぐ。

ガムテープ
セロテープ
ゼムクリップ
割りばし

〈子どものノート例〉

今日は、箱の中にあるくぎやスプーンが磁石にくっつくか調べました。班で予想してから調べました。くぎとくさりとクリップは磁石にくっつきました。三角定規とスプーンはくっつきませんでした。スプーンが磁石にくっついた班とか、くぎがくっついた班もあって、みんなで話し合いました。色が違うということになって、材料がちがうことがわかりました。磁石にくっつくのは鉄でできていると先生が教えてくれました。付けたしで、いろんな金属が電気が通るけど、磁石にくっつくのは鉄だけでした。

第３時　磁石が鉄を引きつける力（磁力）は、間が空いていても間に物があってもはたらく。

・第１時での経験（間に物があっても磁石は働く）や、第２時の磁石につくのは鉄であることを使いながら取り組む第３時である。

「下敷きの上に置いた鉄クリップを下敷きの下から磁石で動かすことができるかな？」と問い、第１時の経験を引き出して、全員でやってみる。次に、「ノートの上の鉄クリップは動くかな？」と問いかけ、全員でやってみる。子どもからは「ノート２冊はどうかな？」という声が出されるので、「やってごらん」と促す。ノートが何冊まで鉄クリップが動くかを各自にやらせる。子どもたちの持っているフェライト磁石の磁力によるが、2～3冊は動くとよい。

磁石を3個つなげると強くなることを知っている子がいると「4冊でも動くよ」と発展する。

・次に、糸をつけた鉄クリップを教師が磁石を使って持ち上げ、「この磁石をもう少し持ち上げて、鉄クリップと離れても落ちないで宙づりにしてみよう」と課題を出す。

【課題2】 磁石を使って、糸の付いた鉄クリップを宙づりにできるだろうか？

・課題としてあるが、話し合うことではないので糸つきの鉄クリップを全員に配って調べさせる。

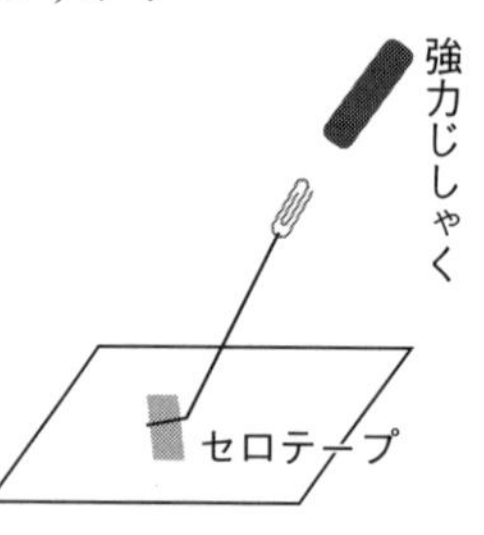

はじめのやり方ができたら、横から宙づりにしながら持ち上げるなど宙づり遊びをさせる。

・間があいても磁石の力がはたらいていることを確認したら、「磁石が鉄を引きつける力のことを磁力と言います。『磁力が働く』のように使います」と説明して、今日やったことを書かせる。

〈子どものノート例〉

今日は、鉄クリップを磁石で動かしました。下敷きの上に鉄クリップを置いて下から磁石で動かしたり、ノートでやったりしました。ノート3冊でも磁石の力で鉄クリップが動きました。磁石の力を磁力と言います。鉄クリップの宙づりもやりました。磁石の力は間に下敷きやノートがあってもはたらきました。間が離れていても磁力はありました。磁力は磁石の周りにあるのかなと思いました。

第4時　鉄さがし

・磁石を使うと間に何かがあっても、鉄の物を見つけることができる。今日は、磁石を使って、教室の鉄さがしをしよう。

【課題3】 この教室の中の、何が鉄でできているか調べよう。

・校庭でも鉄さがしをしよう。

〈子どものノート例〉

今日は、磁石を使って教室の鉄さがしをしました。ぼくは、机の脚やいすの脚、机の本を入れるところが鉄だと知っていたからやってみたら、やっぱり磁石がくっつきました。立ち歩いていいので、給食のロッカーや掃除用具入れ、テレビ台にも磁石をつけてみました。全部鉄でした。校庭に行ってもいいことになったので、校庭で鉄さがしをしました。ジャングルジム、鉄棒、プールの入り口も鉄でした。磁石で鉄さがしができるのを初めて知りました。

※このあと、家庭でも鉄さがしをさせたいところだが、カード類は磁力に弱いのでやらないことにした。その代わりに、家では磁石さがしをさせたらどうだろう。鉄クリップがくっついたら磁石だということを教えて取り組んでみるとよいだろう。

(2) 磁石にはS極とN極という2種類の極がある。

第5時　磁石の両端（極）が磁力が強い。磁石の極は2種類あり、S極とN極という。

・棒磁石（磁力が弱い）に鉄クリップをつけると、磁石のどこにたくさんつくだろう。

　ア、両はじ　イ、真ん中　ウ、どこも同じ

・U型磁石や馬蹄形磁石でも調べ、磁石の端に鉄クリップがたくさん付くことを確認する。そのあと、「1つの磁石で磁力が強いところを極という」と話す。

・極が書いてない棒磁石の片方のN極にビニルテープを巻き、グループごとに2本ずつ配る。（学校の棒磁石が全て極が書いてある場合は、S極に赤、N極に白のビニルテープを巻く）

【課題4】 2つの棒磁石の極同士をくっつけたら、くっつくだろうか。

・くっつく極とくっつかない極があることがわかればよい。「白と赤がくっついた」「白と白だとくっつかない」「赤と赤もくっつかない」

ことを確かめる。そのあと、極が書いてある棒磁石なら、ビニルテープをはがしてくっつくのはＳ極とＮ極で、Ｓ極同士、Ｎ極同士ではくっつかないことを確かめる。極が書いてない棒磁石を使っていたら、極が書いてある磁石でくっつくのはＳ極とＮ極で、Ｓ極同士、Ｎ極同士ではくっつかないことを確かめる。
・磁石の極にはこの２種類しかないことも話しておく。
・リング状の磁石があれば、木やプラスチックなどの棒にさして、同極同士では反発し、異極同士ではくっつくことを見せたい。

〈子どものノート例〉

今日は、磁石の極にはＳ極とＮ極という２種類あって、Ｓ極同士だとくっつけようとしても跳ね返ってくっつかなくて、Ｎ極同士でもくっつけられませんでした。Ｓ極とＮ極だとくっつきました。同じ極だと反発するから磁石の追いかけっこができるんだと思いました。

第６時　磁石を自由に動くようにすると南北を指して止まる。

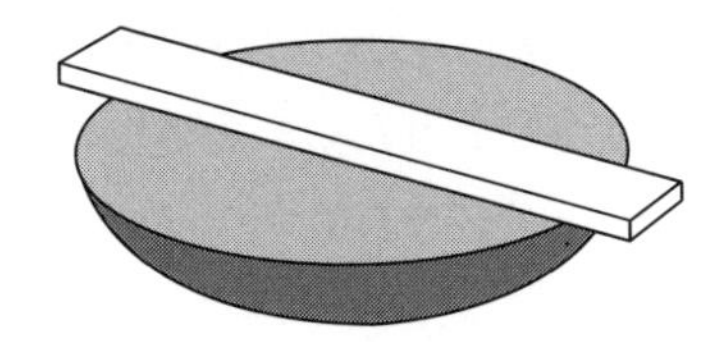

・はじめに、教師が時計皿に磁石を入れて机の上に置くと、磁石がいつも同じ方向に向いて止まることを見せる。つぎに、少し離れたところの３人の座席で磁石を時計皿に入れて机の上に置くと、教師の磁石と同じ向きになって止まることを見せる。

【課題５】磁石を糸でつるして自由に動くようにすると、同じ方を向いて止まるだろうか。

・Ｓ極とＮ極が向いた方を指さすようにすると南北を向いていることがわかる。昼の12時前後にやると太陽の南中時刻に近いので、校庭の鉄棒の陰と同じ方向になり、南北を指すことがわかる。昼前後でなかったり曇りのときは、南北を指していることを話したり、日陰と日なたの学習を思い出させて南北を指していることに気づかせるとよい。
・南北を指す理由（教科書の資料を活用する）

〈子どものノート例〉

今日は、磁石を自由に動けるようにしたら同じ方を向くか調べました。糸に磁石をくっつけて校庭でその糸を持つと、くるくる回って止まりました。鉄棒の真ん中に結んだ班もありました。でも全部の磁石が公園の方を向いて止まりました。そっちは南の方でした。太陽もありました。先生が、磁石を自由に動くようにすると南と北を指して止まると言っていました。そういえば、教室の先生の磁石も公園の方を向いていました。

（３）磁石の性質を使って確かめる

第７時　方位磁針も磁石である。

・はじめに、前時のノートを読ませる。そこに「磁石を自由に動くようにすると南と北を向くことがわかりました」というような記述がでてくる。それを確認して、方位磁針は針が自由に動くようになっています。だから、北と南を指します。ではこの針は磁石でしょうか。と課題を出す。

【課題６】方位磁針は針が自由に動くようになっていて、南北を指して止まる。では方位磁針の針も磁石か、どのように調べたらよいだろう。

・方位磁針が磁石か、調べる方法を考えさせる。
・実験方法として次の２点が出てくるとよい。

　①鉄を引きつけること

　②磁石を近づけて反発すること

①の鉄がくっつくか調べるという方法は比較的出やすい。ところが、②の磁石を近づけて行った時に反発するか調べるという方法はなかなか出てこないことが多い。「磁石にくっつくか調べる」とされてしまうことがある。

ここで、子どもたちに話し合わせたい。子どもから意見が出なければ、「磁石にくっつくだけでよいか」を考えさせるようにアドバイスをする。すると、磁石にくっつくだけだと鉄でもそうなることに気づくことになる。
・上記の①と②を子どもたちと確認できたら、実際に確かめてみる。あまり強力な磁石を使うと反発が確認しにくいので、弱い磁石を使って確かめるとよい。

〈子どものノート例〉

今日、理科の時間に方位磁針が磁石か調べました。磁石だったら鉄がくっつくから、鉄くぎでしらべました。そうしたら鉄くぎにくっついたので方位磁針も磁石だとわかりました。もうひとつ、磁石を近づけたらくっつく方と逃げる方がありました。方位磁針にもＳ極とＮ極があったので磁石だとわかりました。

第8時　磁石についている鉄は磁石になる。

前時では、方位磁針の針が鉄くぎに引きつけられることを確かめている。また、方位磁針の色が塗ってある方に磁石のＮ極を近づけたり、色が塗ってない方にＳ極を近づけたりすると反発することも調べている（鉄くぎでも方位磁針は引きつけられるので、反発が条件になる）。

子どもたちは、この二つの事実から、方位磁針が磁石であることを確認するとともに、磁石であることの証拠を見つける方法を学習している。第8時はそれを使って、ねらいの「磁石についている鉄は磁石になっている」ことをとらえさせる。

まず、強力な磁石と15cmほどの鉄の棒（５寸くぎでもよい）を子どもたちに見せ、鉄の棒を磁石にくっつける。

教師；磁石にくっついている鉄の棒の下に鉄のクリップはくっつくでしょうか？

教師；質問はありますか？（挙手がないことを確認する。質問があったらそれに対応する）

【課題７】磁石に鉄の棒をつけて、反対側に鉄のクリップを近づけると、クリップは鉄の棒にくっつくだろうか？

見当が付かない	２人
クリップはつかない	５人
クリップはつく	21人

教師；まずはまよっている人？

子；磁石と鉄はくっつくけど、鉄と鉄はくっつくかわからない。

子；鉄には鉄はつかないけど、もしかしたらつくかもしれないから。

教師；では、次は人数が少ない方のくっつかないという考えの人。

子；鉄の棒は鉄の棒だから、それにクリップはつかないと思います。

教師；ほかの考えの人は？（いない）鉄の棒に鉄クリップはくっつくと思う人は？

子；磁石にくっついている鉄の棒だから、磁力が伝わっていってくっつくと思う。

子；ぼくはやってみたことがある。くっつく。

S
N

子；磁石についているくぎに普通のくぎがつくから、普通のクリップがつくと思う。

教師；ほかの理由のある人はいませんか？では、質問や意見はありますか？(無いようなので)それでは調べてみましょう。

（３年生では、話し合いの時間よりも実際に調べる時間を十分にとりたい。そのため、数人の意見を聞いて、質問や意見がなければすぐに調べるようにする）

教師；磁石にくっついてる鉄の棒の下の方を鉄のクリップに近づけると…。

子；やっぱりくっついた。やったー。

教師；今くっついたクリップの下にもう一つクリップがつくだろうか？（つくよ）
この続きはみんなが調べてごらん。

クリップと鉄の棒１本とアルニコ磁石が入っている箱を班ごとに配ってグループ実験をさせる。時間の余裕があれば、小さな鉄くぎなどをつなげさせるのもよい。

（10分程度の実験後）作業を止めさせて片付けさせてから、今日やったことを書かせる。

〈子どものノート例〉

今日は、磁石にくっついている鉄の棒にク

リップがくっつくかしらべました。ぼくは、つくの方にしました。しらべてみたら、磁石にくっついている鉄の棒のさきにクリップがつきました。こんどは班でじっけんしました。長いくぎの先にほかのくぎがくっついて、そのくぎにもくぎがくっつきました。
(このあと、付けたしの実験をするので、ノートの時間と付けたしの実験の時間として15分程度予定に入れておく)

「クリップがくっついたこの鉄の棒には磁石と同じようにS極N極があるでしょうか」と問い、数人から意見を聞く。

調べ方として方位磁針の針が逃げたら同じ極になっていることを確認して、教師が調べる。

次に、鉄の棒の上のところは何極か調べる。

方位磁針を直接近づけてもアルニコ磁石の磁力が強くて調べられないので、アルニコ磁石を遠ざけて、鉄の棒の上の部分に方位磁針を近づけると、上の部分はS極であることがわかる。

〈子どものノート例〉

磁石にくっついていた鉄の棒にS極N極があるか、先生が聞きました。わたしはあると思いました。N極にくっついてるんだからN極だと思いました。しらべてみたら、磁石にくっついていない方はN極で、磁石にくっついてる方はS極でした。びっくりしました。磁石にくっついていた鉄は、磁石をとってもS極もN極もあって、ほんとの磁石になっているみたいでした。

この授業で学習したことは次の時間で活用され、その次の磁石作りでも磁石になった証拠として使われる。それによって磁石という物に対する認識も深まり、学習内容が定着するようになる。

第9時　磁石にくっついている鉄にも極がある。

・磁石にくっついている鉄の棒に鉄くぎがくっつくことから、磁石にくっついている鉄の棒が磁石になっていることがわかった。また、磁石にくっついている鉄の棒にも極があることも確かめられた。ここでは、その知識を使って次の課題を考えさせることにする。

【課題8】 磁石のS極に2本の鉄の棒（または鉄くぎ）をつけて手を離すと、2本の鉄の棒はどうなるだろう？

はじめに、2本の鉄の棒がどうなるか、考えたことを発言させる。「くっついたまま」「下が離れる」という意見はよく出てくる。その後、なぜそう考えたのか理由を聞いていく。

「2本の鉄の棒は磁石になっているからくっついたままだと思う」「棒は磁石になっているから下の方は両方ともS極になっているから、離れると思う」「2本の棒は両方とも磁石になっているから、本物の磁石のS極にくっついてるところはN極になるから上も離れるかも知れない」など、2本の鉄の棒が磁石になっていて極があることがわかっているので、それをどう考えるかによって意見が分かれることになる。

教師実験をする。強力な磁石の同じ極（課題でS極としたのでS極）に2本の鉄の棒をつけて手をはなすと下の方が開く。そして、わずかに磁石にくっついている上の方も開く。もしも上の方が開くという考えが出てこなかった場合には、上が開いた理由を考えさせると同じN極同士だから離れたことに気づくだろう。

つぎに、前時と同じように、2本の鉄の棒を磁石から離して上と下に方位磁針を近づけてみると、どちらも上がN極で下がS極になっていることも確かめられる。

〈子どものノート例〉

強い磁石のS極に2本の鉄の棒をいっしょにくっつけたら、鉄の板の下が離れてカタカナのハの字みたいになった。よく見たら上のところも少し離れていた。鉄の棒が磁石になったから、極ができて上も下も離れたんだった。

第10時　クリップを磁石でこするとクリップが磁石になる。

・クリップをのばして磁石で一定の方向にこす

ると、クリップが磁石になることを教えて課題を出す。

【課題９】鉄のクリップで磁石を作ろう。クリップが磁石になっていることはどうやって確かめたらいいだろう？

・実験方法として次の２点が出てくればよい。

①鉄を引きつけること

②方位磁針の針に近づけると反発すること

・磁石作りと全体で確かめた確かめ方をためす。

第11時　磁石をつかったおもちゃをつくろう。

【課題10】磁石をつかっておもちゃを作ろう。

＊永久磁石を使ったおもちゃ作りは３年生でしかできないので、ぜひおもちゃ作りを入れたい。

理科工作の本はいくつか出版されているが、磁石だけの本は少ない。しかし、学校の図書室や図書館に行けばさがすことはできるので、ぜひ利用したい。

《やじろべえ方位磁針》

針金を磁化してやじろべえにする。

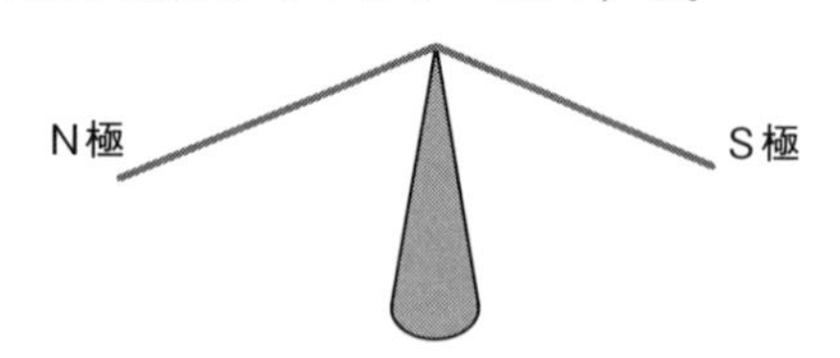

《まち針のぶら下がり生け花》

ペットボトルのふたに磁石を貼り付けて、それにまち針をくっつけて、磁石の上に置く。

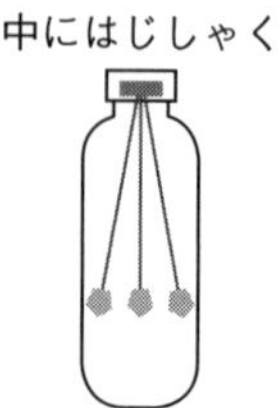

《握手とイヤイヤ》　《おどる人形》

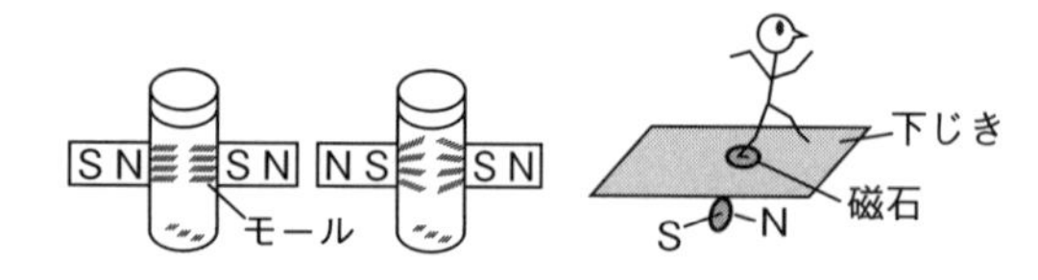

《磁石ごまころがし》

鉄の針金のレール上を、磁石ごまを落とさないように転がして遊ぶ。

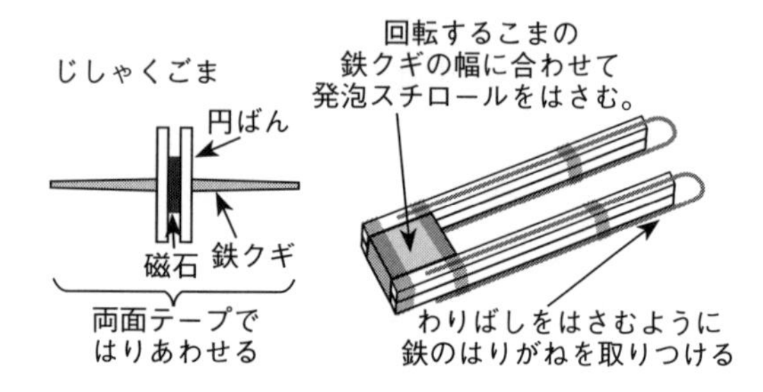

４.単元設定の背景

＝磁石の学習は３年生だけ、だから大事に！＝

磁石は子どもたちがとても興味をもつ教材であり、楽しい学習ができます。生活科でも、磁石が鉄を引きつけることを学習して、身の回りの鉄さがしに取り組ませたいと考えます。低学年でそういう経験をしていれば、３年生では磁石の性質を中心に学習できます。しかし、現実には生活科の教科書に磁石は出てこないため、生活科で磁石を扱うことはほとんどありません。そうであれば、３年生にも磁石を使った活動や鉄さがしをさせる必要があります。

磁石が鉄と引き合うという性質を使って、磁石を使って鉄さがしにも取り組ませたい。鉄は、金属の一種なので、鉄という金属を学習する前に金属という物質群があることをとらえさせたい。そのためには、磁石学習の前に３年生の電気の学習で「金属は電気を通す」ことをとらえさせておきたい。そして、その性質を使って「電気が通れば金属」なので、身の回りの金属さがしをする学習も大事にしたいものです。

磁石（永久磁石）を使った学習は３年生だけなので、磁石を使ったおもちゃ作りにも取り組むようにしたいと思います。３年生では電気を使ったおもちゃ作りもありますが、電気は４年でも学習するし、そちらの方がいろいろな工夫もできます。３年生でのおもちゃ作りは電気より磁石でこそ取り組むように計画を立てたいと思います。

【参考文献】

・『まるごと科学工作』江川 多喜雄 著 いかだ社
・『本質がわかる・やりたくなる 理科の授業３年』堀 雅敏 著 子どもの未来社

音が出るとき

中央沿線理科サークル
堀 雅敏

単元のねらい

(1) 音が出ているときは､物がふるえ（振動し）ている。
(2) 音のふるえ（振動）は、いろいろな物がふるえて（振動して）、伝わる。

指導計画（全７時間）

(1) ストロー笛を作り、音が出ている（ふるえている）所を見つけよう。
(2) ストロー笛ラッパを作り、音を大きくしてみよう。
(3) 輪ゴムギターを作って､音のもと（ふるえ）を見てみよう。
(4) いろいろな楽器で音を出して、ふるえているところを探してみよう。
(5) 風船電話を作って、声が伝わることを確かめよう。
(6) 声は糸を伝わって、離れた人に聞こえるか確かめよう。
(7) 針金でも音は伝わって聞こえるか確かめよう。

授業の展開

第1時　音を出し、笛のリード部のふるえを感じることができる。

＊準備するもの

ストロー（６mm径)、はさみ

子どもたちの前に立ち、ストロー笛を取り出して黙ったまま吹いて聞かせる。「作りた～い」「やらせて～」等々の反応があるだろう。

〈課題１〉ストロー笛を作って、音が出ているところを見つけよう

子どもたちに作り方を説明しながら、ストロー笛作りを始める。

ストローの先端をつぶし、はさみで三角形に切ってリードを作る。

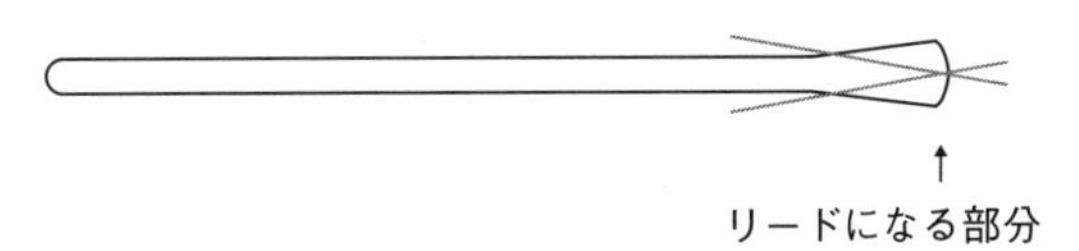

リードの根本部分（下図の楕円形部分）をツメでしごいて柔らかくし、そのあたりを唇で押さえて吹く。

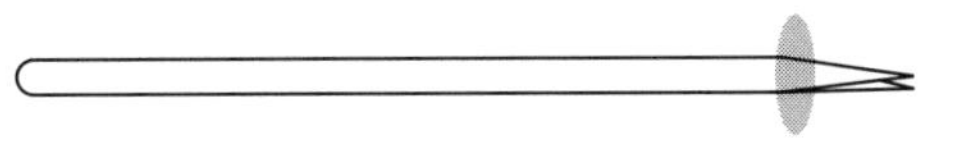

うまく音を出せるようになった子から教えてもらいながら、鳴らせる子が増えていく。

それでもなかなか鳴らせない子がいたら、リードを長めにしたり、唇で押さえる部分を少しずつずらしてみたり、しっかり柔らかくしたりなどのヒントを与える。

笛の音さえ出せれば、何度も失敗してリード部分を切り離して作り直して短くなったストローの音は高いことや、リード部分がふるえていることなど、いろいろ気づくことができる。

音の高低についてはすぐに気づくし、楽しい活動であり、将来の振動数との関連での学習につながるので、ある程度の時間は取りたい。ただし、この時間のねらいはリードの振動に気づくことなので、そこに気づいた子の発言を取り上げてみんなで確認させたい。

さらには、ストローの反対側を口にくわえて、上の図の楕円形の部分を軽く指で押さえて息を吸うと、ブーッと音が鳴る。このときリードの振動が目に見えるので、しっかり確認する。子どもにやらせるときは、ストローを吸い込まないように、注意する。

きょう「やったこと」をノートに書く。

〈今日やったこと〉

● まずさいしょに、ストローの先2cmぐらいをつぶします。そのストローの先を三角に切ります。つぎに三角の根っこのところを少し歯でかんでふきます。これでできあがり。笛の先とうしろがふるえていました。

● さいしょはふけなかったけど、先生に教えてもらったらできました。あと、ふいたら、くちびるがふるえました。反対にふいたら音は出なかったけど、すったら音が出ました。すってるときにストローの先を見たら、ふるえていました。ストロー笛をぎゃくにしてすったら、音が出ました。ブーッって動いていました。楽しかったです。

第2時 ラッパ部分のふるえを感じることができる。

＊準備するもの

ストロー（6mm径)、A5の紙、セロテープ、はさみ

のどに軽く指を当てて、子どもたちに「あ〜〜〜」と声を出させる。すぐに「ふるえてる！」と声が上がる。声も耳に聞こえる音の一つだと気づかせる。「この声を大きくして、多くの人に聞こえるようにする道具を知ってる？」と聞く。スポーツの応援などで使うメガホンに気づく子がいるはず。

〈課題2〉 ストロー笛の先にメガホンのようにラッパの形にした紙をつけて、音を大きくしてみよう。

右上の図のように、A5ほどの紙にストロー笛をセロテープで留め、くるくるとストローを回して紙を巻く。

ストローを口にくわえて吹くと、前時よりも大きな音が鳴る。大きな紙を使って、さらに大きなラッパを作る子も出てくる。大事なのは、ラッパ部分の振動。このことに気がついた子がいたら発表させ、クラスみんなで確認する。

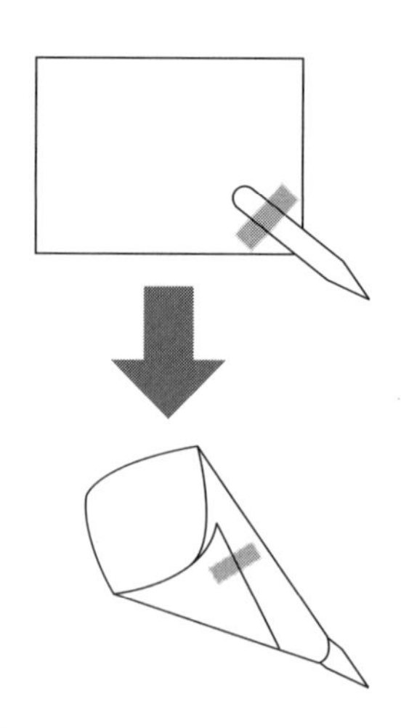

きょう「やったこと」をノートに書く。

〈今日やったこと〉

● ストローのふくところじゃない反対の方に、丸めた紙をストローにセロテープでつけたら、音が大きくなりました。くちびるが、いたがゆかった。けっこう息がひつようです。ふいたら、ラッパがふるえました。くちびるがかゆかったです。

第3時 輪ゴムギターを作って音を出し、ふるえている部分を見つける。

＊準備するもの

直方体の紙箱（紙パック（300mL程度）か、ティーパックまたはお菓子の入れ物など）または、スチロール皿、輪ゴム、ストロー、カッター

「これまでは、ストローを吹いて音を出してきたけど、はじいても音が聞こえるね」と、指にかけた輪ゴムをはじいて音を聞かせる。

〈課題3〉 輪ゴムギターを作って音を出してみよう

子どもたちに作り方を説明しながら、輪ゴムギター作りを始める。

直方体の紙箱に穴を開ける。穴を開けることで、ギター同様、輪ゴムの音が共鳴して大きく聞こえるようになる。

輪ゴムを紙箱にかけ、ストローを差し込む。

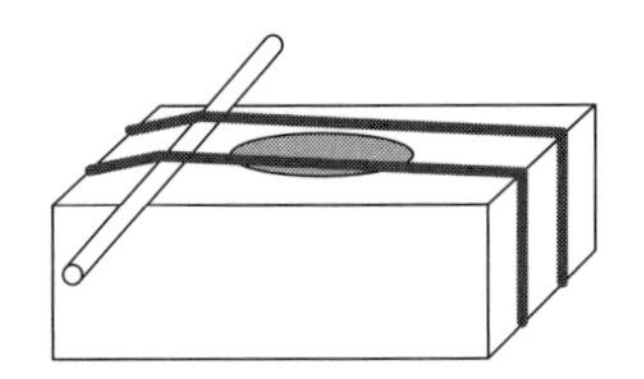

輪ゴムのかかる大きさの、総菜の入っていたプラスチック容器、魚や肉の入っていたスチロール皿なら、そのまま輪ゴムをかければできる。

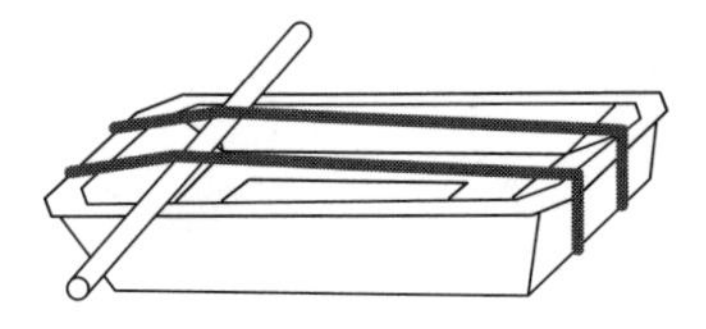

ギターのように指で輪ゴムを水平方向にはじいたり、指で輪ゴムを少し持ち上げてから放したりして音を出しさせると、音が出ているときの輪ゴムの振動に気づく子がいるので、発表させてみんなで確認する。

図のようにストローを差し込んだ場合、同じ輪ゴムでもストローの右と左で音が違うことにも気づくだろう。ストローの位置を変えたり、ストローよりも太い鉛筆などを差し込んだり、大きさの違う輪ゴムにかけ替えたりして音の違いを感じることもできる。しかし、あくまで“ねらい”は音が出ているときの輪ゴムの振動。

きょう「やったこと」をノートに書く。

〈今日やったこと〉

● 牛にゅうパックにあなをあけて、ストローを２本テープでとめて、わゴムをひっかけました。わゴムをはじくと音が出て、しんどうがきました。わゴムをふるわせたら、ビョ〜ンと音が出ました。

● わゴムをふるわせたら、ビーンという音がして、手にしんどうがつたわりました。なっているときは、音に合わせてふるえていました。音は、しゃみせんやギターににていました。わゴムの長さをかえると、音もかわりました。

第4時　楽器も、音が出ているときはどこかがふるえていることがわかる。

＊準備するもの

楽器（できれば音楽室を借りて）、ビーズ

〈課題４〉 音楽室でいろいろな楽器の音を出して、ふるえているところを見つけよう。

いろんな楽器の音を出し、振動を確認する。まずは教師が大太鼓をたたいて、音が出ているときにたたいた面が、振動しているのを見せて確かめる。

ティンパニなどにビーズや豆などを乗せておけば、それらが飛び跳ねるのを見ることでたたいた面の振動を確認できる。

軽くたたいて小さな音のときと、強くたたいて大きな音のときでは飛び跳ね方が違うので、振動の大きさが違っていることが確認できる。

トライアングルをたたいて音を出す。トライアングルの振動は目に見えないので、「ふるえているかどうか、どうやって確かめたらいいかな？」と聞きます。「触ってみればいい」と答える。そこで、できるだけ多くのトライアングルを用意し、たたく子と触って確かめる子の２人一組くらいで確かめさせる。

弱くたたいて小さな音が出るときと、強くたたいて大きな音が出るときで、手で感じる振動の強弱が違うことも分かる。

「ほかの楽器でも、音を出してふるえを見つけよう。」と呼びかけ、探させる。

普段から楽器に接している子からは、いろいろな楽器名が「〇〇でもそうだよ」などと出てくるだろう。

最後に子どもたちを集め、「トライアングルの音を止めるにはどうしたらいいかな？」と聞く。「手で押さえればいい」「ふるえが止まるから」と答えるだろう。

きょう「やったこと」をノートに書く。

〈今日やったこと〉

● 先生が大だいこをたたいたら、かわがふるえていました。音が出ている間、ずっとふるえていました。小だいこの上に豆をのせてたたいたら、ピョンピョンはねました。小さい音のときはすこし、大きな音のときはすごくはねました。トライアングルをたたいて音を出しても、ふるえているようには見えませんでした。でも、手でさわったら、びりびりふるえていました。強くたたいたら、もっとふるえました。シンバルも、すごいジャーンと音がして、ふるえていました。木きんは、たたいたときだけふるえていました。「トライアングルの音をどうしたらとめられるか」と、先生が聞きました。手でおさえたら、音がとまりました。

第5時　風船もふるえて、音（声）を伝えることが分かる。

＊準備するもの

風船、糸、セロテープ、はさみ

ゴム風船をふくらませ、一人の子の耳に当てて、教師が反対側から小声で話す。教師の声が伝わり、「聞こえた！」と反応する。

〈課題５〉風船で声（音）が伝わることを、確かめよう。

２人に１個の風船を配り、みんなでやってみる。「しゃべると、風船がふるえてる」と発見する子がいるので、みんなで確かめる。

教卓の上にたくさん風船を置いておくと、「もう一つ風船ちょうだい。」と持って行って、２個３個とつなげ始める。声が伝わることを確かめたら、間にある風船のどれもが振動していることを確かめさせる。

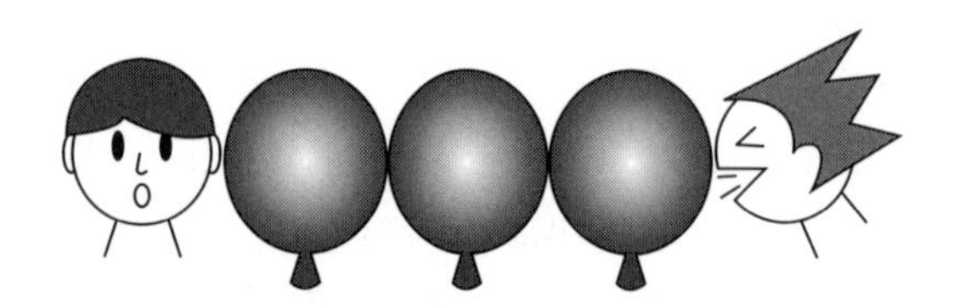

遊んでいるうちに、間にある風船が落ちることがあり、そうなると声が伝わらないことを確認する。「２つの風船が離れていても、話が聞こえるようにするには、どうしたらいい？」と問うと、糸電話を思いつく子がいる。そこで糸を配り、セロテープで２つの風船を糸でつなぎ、電話遊びをやってみる。

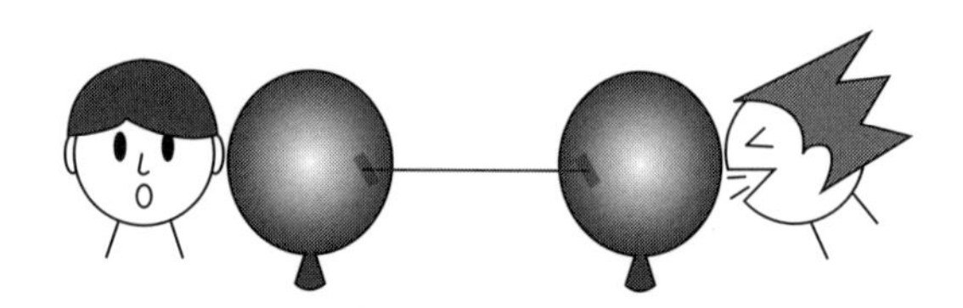

このとき、糸がたるんでいたら声が伝わらないことにも気づくはず。また、糸の振動に気づく子がいるだろうが、確認はつぎの糸電話のところで行う。

きょう「やったこと」をノートに書く。

〈今日やったこと〉

● 先生が、○くんの耳にふうせんをあてて、何か話しました。○くんが「聞こえた」と言ったので、わたしもやってみたいと思いました。△ちゃんと、ふうせん電話をしました。わたしが「おはよう」と言うと、声がひびいて、ふうせんがふるえていました。△ちゃんも「おはよう」というと、耳がくすぐったかったです。男の子たちが、ふうせんを２つとか３つとかつなげていたので、わたしたちもやってみました。話しているとき、どのふうせんもふるえていました。間にあるふうせんをはずすと、△ちゃんの声は聞こえなくなりました。そして、２つのふうせんの間を、糸でつなげました。糸のおかげで、ふうせんをつなげたときと同じように、わたしの声が△ちゃんにつたわりました。

第6時　声は、糸を伝わって離れた所で聞こえることがわかる。

＊準備するもの

紙コップ、太い木綿糸（または６号のたこ糸）、ゼムクリップ、目打ち（穴を開ける）、はさみ

〈課題６〉風船糸電話の風船を、紙コップにした糸電話をつくってみよう。

子どもたちに作り方を説明しながら、まずは糸つき紙コップ作りを始める。

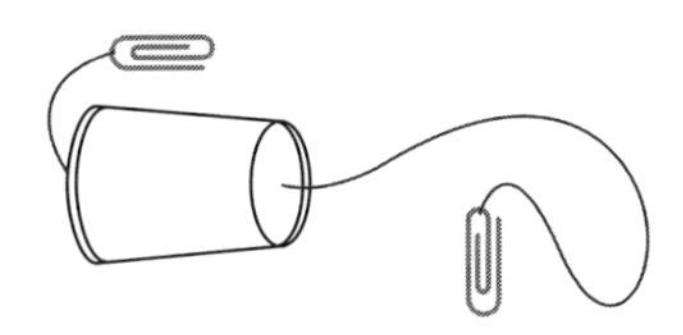

できあがったら、２人一組で遊ばせる。紙コップの底から出ている糸の先のクリップの一番外側を少し開き、もう一人の子のクリップに引っかける。すでに風船糸電話をやっているので、糸はピンと張って声を伝えるだろう。

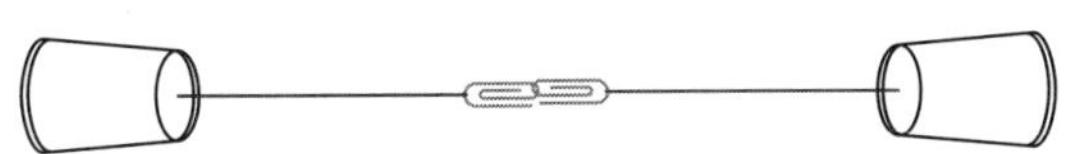

このとき、糸の振動に気づく子がいるので、発表させてみんなで確かめる。糸をつまんでみると、声が伝わらなくなることにも気づくだろう。特に指示しなくても、クリップ同士を引っかければいいだけなので、人数を増やして遊び出す。

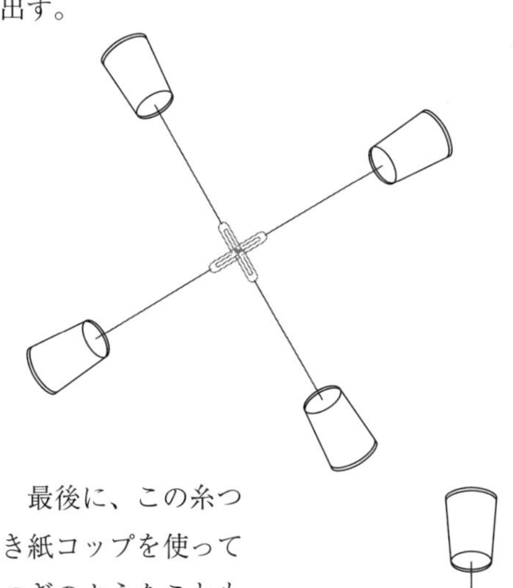

最後に、この糸つき紙コップを使ってつぎのようなこともできる。

スプーンを別のスプーンの柄などでたたくと、コンッと音がしてすぐ聞こえなくなる。ところが、図のようにスプーンをつるしてたたくと、澄んだ音が長く聞こえる。糸をつまむと音は聞こえなくなるが、指を放すとまた音が聞こえてくる。

確かに糸は小さな音でも伝えていることがわかる。

きょう「やったこと」をノートに書く。

〈今日やったこと〉

● はじめに、音を聞くどうぐを作りました。ほかの人のクリップにつなげて糸電話のようにすると、よく聞こえました。コップのそことか糸にさわったらすごくビリビリしました。だから、声が糸をつたわって聞こえることがわかりました。クリップにスプーンをつけて、スプーンをたたいたり、つくえのあしにぶつけたりすると、音が紙コップからコ〜〜ンと聞こえておもしろかったです。

第７時 音のふるえは糸だけでなく金属も伝わって聞こえることがわかる。

＊準備するもの

紙コップ、エナメル線（または細い針金）、ゼムクリップ、目打ち、はさみ

前時に、たこ糸で人の声がびりびりと伝わってきて聞こえてきたことを思い出させる。

〈課題７〉たこ糸ではなく、針金でも、ふるえが伝わってきて、音が聞こえるだろうか。

前時のスプーンの実験など、金属をたたいた経験などから、金属でも音を伝えると考える子がいるだろう。少し子どもたちに考えを聞いた後、すぐに作り始める。

前時の糸つき紙コップの糸をエナメル線または細い針金に代えたものを作り、同じように遊びながら確かめさせる。

「木でできた机（天板）も音を伝えるかな？」と声をかけ、天板に耳をつけて離れた端の方を鉛筆などでたたいて確かめる。その後、校庭の鉄棒でも体育館の床でも確かめる。

時間があれば、あるいは保健の授業としてで

も、つぎのようなこともやってみたい。

子どもたちにふくらませた風船を持たせ、大太鼓をたたく。子どもたちは音と同時に風船のふるえを感じる。「太鼓の皮がふるえて音が出たんだけど、そのとき風船もふるえたね。間に糸も針金もないけど、何がふるえを伝えたんだろう？」と聞くと、「空気！」と答える子がいる。

そこで、大太鼓の近くに火のついたろうそくを置く。大太鼓をたたいて音が出ると、ろうそくの炎が揺れる。ろうそくを何本か少しずつ離して置いておくと、近くのろうそくほど炎が大きく揺れ、振動が伝わっていく様子を観察できる。

空気も音（振動）を伝えることを確かめたところで、その振動が耳の奥の鼓膜を振動させて“聞こえる”ことを、耳の模型も使いながら説明する。

きょう「やったこと」をノートに書く。

〈今日やったこと〉

● エナメル線でみんなの糸電話をつなげてしゃべったら、糸のときよりキーンってうるさく聞こえました。3人でYの字みたいにつなげてしゃべっても聞こえました。しゃべっているときに、エナメル線にさわったら、ビリッときました。声がぼやけて聞こえて、水の中で話している気がしました。鉄ぼうに耳をつけて、先生がはしっこの方を石でたたいたら、こんこんってひびいてきました。体育かんで、ステージ前にみんなが一れつにならんで耳をつけました。先生が入り口の方でほうきをこんこんしたら、耳にひびいてきました。先生が歩いても、聞こえました。にんじゃになったみたいでした。

本単元設定の背景

2017年告示の新学習指導要領では、音の学習が“復活”しました。

赤ちゃんの泣き声、子どものはしゃぐ声、話し声、歌声、楽器を奏でる音、料理をする音、ノートにペンを走らせる音、パソコンを打つ音、工場の機械の音、車や電車の走る音、動物の鳴き声、雨音、雷鳴、風の通り過ぎる音、川の水が流れる音、打ち寄せる波音、火山の噴火音等など、音は私たちの周囲に満ちあふれています。

私たちが耳で聞いている音は、何か物が振動し、その振動が空気に伝わり、その空気の振動が外耳奥の鼓膜、中耳を振動させ、内耳で電気信号となって脳に伝わるからです。ヒトが聞こえる音は、振動数（周波数）がおよそ20Hz～20kHzの範囲の振動です。

物が振動するのは、物には力を加えるとひずみが生じ、力を加えるのをやめると元に戻るというバネのような性質＝弾性があるからです。

このような物質世界の入り口となる音の学習は、小学校でも必要な学習でしょう。

そして、たたいたり触ったり全身で振動を感じたりする音の学習は、小学校低～中学年にこそ相応しいものです。クラスの友だちと知恵を出し合い、夢中になって音の出る物を作って、試して工夫を重ねる。そのことを通して、音が出ている時は、振動していることを全身を使って感じることができます。

なお、3年生では“振動”という言葉を教えてもいいですが、“ふるえ”でもかまわないと思います。

また、理科の授業とは別に学級活動、あるいは野外観察のときなどに、植物の葉やサクラの花びら、どんぐりなどを吹いて音を出したり、耳を澄まして周囲の音を聞いてみたり、などの活動を取り入れたいものです。

自然観察（本書「3年生の自然観察」の項を参照）で“音とふるえ”の発表が出てくれば、学習に深まりが出てきます。

[参考文献]

(1)『本質がわかる・やりたくなる 理科の授業 3年』（堀 雅敏／子どもの未来社）

(2)『どう変わる どうする 小学校理科 新学習指導要領』（小佐野 正樹・佐々木 仁・高橋 洋・長江 真也／本の泉社）

(3)『理科だいすき先生が書いた 教科書よりわかる理科小学3年』（江川 多喜雄監修・小幡 勝編著／合同出版）

ものの重さ

～「鉛筆に重さと体積があって、削ったら重さも体積も減った」と言えるように～

相模原市立鶴園小学校
佐々木 仁

1. ねらい

(1) 体積は見た目でどちらが大きいかわかる量である。
(2) 物には重さがある
(3) 物の重さは比べられる。
(4) 物の出入りがあったとき、物の重さは変わる。
(5) 物の形を変えても重さは変わらない。

2. 指導計画（13時間　○囲み数字が時間）

(1) ①石や水のかたまりの大きさを体積といい、目で見て比べることができる。
(2) ②同じ容器の中に入っているチョコレートの量の大小は、体積ではわからないが、重さで比べることができる。
(3) ③物の重さは手で持って比べることができる【算数・直接比較】
③同じ物質でできている物は体積が大きい方が重い。【算数・直接比較】
④教科書とノートの重さを直接比較できない時は、電池の重さ（共通の物）と比べることで、どちらが重いかがわかる。【算数・間接比較】
⑤教科書とノートの重さがどれだけ違うかは、ビー玉などの数で知ることができる【算数・個別単位】
⑥教科書やノートの重さを表す単位はgである【算数・普遍単位】
⑦身の回りにある物の重さをgで量ることができる【算数】
⑧ランドセルのような重い物はkgで表す。【算数】
⑨gやkgを使って物の重さを表す。【算数】
(4) ⑩ホチキスの針1本のような小さな物にも重さがある。
⑪10gの粘土玉と、20gの粘土玉を合わせると、30gの粘土玉になる。
⑪30gのゴマに、10gの食塩を入れると、40gのゴマ塩になる。
⑪50gのカルピスに100gの水を加えると、150gのカルピス水になる。
⑫金魚の体重は金魚を取り除いた水槽の重さを測るとわかる。
(5) ⑬粘土の形が変わっても、重さは変わらない。
⑬体重計の上で態勢を変えても重さは変わらない。

3. 授業の展開

第1時 「体積」とは？

【ねらい】 物の大きさのことを体積という。

【準備】 教師用＝石2つ（写真1参照）・粘土・300mLのビーカー2つに水を入れておく（写真2参照）・300mLの三角フラスコ1つ・300mLのメスシリンダー2本

①石のかたまりの大きさ

《写真1》

T：どちらの石のかたまりが大きいでしょう？
C：左の石の方が大きいよ。
T：どうしてわかったの？

> 「どうして？」と問い、「見たら」という言葉を引き出す。

C：見ればわかるよ。

②粘土のかたまりの大きさ

T：どちらの粘土のかたまりが大きい？

C：こっち（左）。

T：どうして？

C：見た目で、こっちの方が大きいと思うから。

C：どっちも同じ。大きい粘土は中がなくて重くないかもしれないし、小さい方は軽い。

> このように、「重さ」と「体積」を混同した発言が出る。今聞いているのは物のかたまりの大きさ（体積）についてであることをその都度度確認する。

T：先生が聞いているのはどっちが大きいの？ってこと。重いの？ではなくて。

C：そしたらこっち（左）のほうが大きい。

③液体のかたまりの大きさ

T：じゃあ次ね。どちらの水のかたまりが大きい？

《写真２》

C：左の方が水が多いから左。

C：左の方が水のかたまりが大きいから。

C：（目盛りを見て）ん？左の方がここまで水が きているでしょう。右の方はこの量でしょ。左の方が多いんだと思う。こっちが200で、こっちが100じゃん？ 100と200は全然違うから、100の方が少なくて、200の方が大きい。

> 数字に着目した発言は大切にしたい。体積は測れるということにつながる。

④「体積」という言葉を教える。

T：この石のかたまりの大きさとか、水のかたまりの大きさのことを「体積」と言います。じゃあ、この粘土の体積と、この粘土の体積はどちらが大きいですか？

C：左（T：の体積が大きいんだね）

> このように、はじめは「体積」という言葉を使って表現するよう促す。

C：左の粘土の体積が大きい。

T：じゃあ次。この水とこの水は？

C：左

C：左の体積

C：左の水の体積

⑤「今日やったこと」をノートに書く。

T：みんな水の体積の勉強を２年生の時やったんだね。ここまででいったん今日やったことを書きましょう。

> 子どもたちは①から④でやったこと、文章で順序良く書き綴るようにする。

⑥入れ物の大きさが違うとき、水の体積の違いをどう量るか？

T：書いている途中の人もいったん手を止めてこちらを見てください。では（三角フラスコとビーカーの水に入っているのを見せて）どちらの水の体積が大きいでしょう？

《写真３》

みんな：えーっ！

T：どうしてみんな「えーっ」ていったの？

C：どうしてかというと、形が違って、三角の方は先の方が細くなっていっていて、全部四角になっていればわかるんだけど。それを四角にやればわかると思う。

T：あ、もうどうしたらいいかが出てきたね。どうしたらみんな「えーっ」じゃなくなる？

C：同じ入れ物に入れる。

どうしたら比べられるかという方法まで考える。

T：よし、ではやってみよう。これはメスシリンダーという道具で、体積を測る道具です。では四角の方の体積。280mLだね。三角の方。280mL（C：えー！！）ということは同じ体積 でした。

⑦「今日やったこと」の続きをノートに書く。

【子どものノートから】

「やったこと」を順序良く書く

○今日は最初に先生が２この石を出しました。その石は１個のが３cmくらいで、もう１個は６cmくらいの石で、先生が見た目で見て、どちらが大きいといって、みんなは６cmの方を指さして、次に先生が２個の粘土のかたまりを出しました。１個の方は７cmくらいで、もう１個は10cmくらいので、先生がこれも見た目で見てどちらが大きい？と言いました。そしたらまたみんな10cmくらいの粘土を指さしました。次に先生が100mLと200mLの水が入っているビーカーを出しました。そしたらまた先生がどっちの方が水が入っている？といって、みんなは200mLの方のビーカーを指さしました。そして最後に先生がこのかたまりの大きさのことを体積と言うんだよと言いました。次に先生が三角フラスコを

【ねらい】が書かれるようにする

出して水を入れて、もう１個の200mLの方は残して、先生が見た目でどちらが水の体積が大きい？といって、そしてメスシリンダーというのに入れてどっちも280mLでした。どちらの体積も同じでした。

【ねらい】に関わる大切なこと

第2時　体積で比べられないときは・・・

【ねらい】 物の大小は、重さでもわかる。

【準備】 教師用＝マーブルチョコ２箱（１箱は２、３粒抜いておく）・上皿天秤

①マーブルチョコの量は重さで比べる。

T：ここに、マーブルチョコがあります。２箱あるんですけど、チョコレートの量が多く入っているのはどちらでしょう？体積で分かるかな？

《写真４》

と聞く。体積ではわからない理由として、
ア：見た目でどちらが大きいかわからない
イ：たとえ透明な容器に入れたとしても、粒だから隙間ができてしまう。
ということが出るだろう。そこから体積ではではなく重さで量を比べる。となるように話し合いを進める。

C：わからない（T：どうしてわからないの？）

C：昨日やったのは粘土とかそういうのでしょ？もしもマーブルチョコの箱が大きいのと小さいので、どちらが多い？っていうならわかるんだけど、同じ大きさの箱で、中身が見えないから、同じかもしれないし、違うかもしれない。

C：昨日と同じようにメスシリンダーを使ったらいいんじゃないか？

C：でもあれは水だったよ。

C：予想なんだけど、メスシリンダーに入れるとマーブルチョコは丸いから隙間が空いちゃうからだめなんだけど、重さならいいかなって思う。

T：（他の子がうなずいているのを見て）なんでうなずいているの？

C：メスシリンダーに入れると、隙間があって量れないけど、重さで量るのがいいなって思って。

前の時間にメスシリンダーで水の体積を量った共通体験があるから、水のように隙間を埋められないマーブルチョコは、体積で比べることはできないとなる。

できないことが明確になったら、「重さ」をどう量るかという話し合いにうつる。

C：もしも重さで量るなら、手で持ってみたりすればいい。

C：書いてあるｇとか見ればわかるけど

T：箱に書いてあるんだ？（C：そう！）

C：確かにマーブルチョコとかに入っている箱にｇとかが書いてあるんだけど、食べたり入れたりしたらｇが変わるからわからない。

C：手とかでシーソーみたいに量ればいいいってことね！

②重さを量ってみよう。

T：（手で持ってもわかりづらいことを確認してから）てんびんでやりましょう。てんびんがどうなったほうが重たいんですか？

C：シーソーみたいに下にいった方。

３年生で初めての理科なので、こうした確認は大切である。

T：では置いてみましょう。せーの（てんびんに置く）ということは、こっちの方が量が多いってことだ。

《写真５》

C：えー！先生食べちゃったんでしょ！

③本当に重さで比べられるのか、チョコの数を数えて確かめる。

T：では、ほんとに重い方が量が多いか、数えてみましょう。（みんなで手分けして数える）

C：40個と35個

T：やっぱり量が多いほうが重いんだね。

④「今日やったこと」をノートに書く。

※私はマーブルチョコで行ったが、見た目の体積が同じように見える「折り紙の束」などを使って、同様の展開をしてもよい。折り紙を使うと最後の「数えて確かめる」が大変になる。だからこそ「重さ」で比較することが簡単に量を比較できる方法であることが確かになる。

第3時　どちらが重い？①（算数）

【ねらい】物の重さの大小は手で持って比べることができる（算数の直接比較）

【準備】グループ用＝３年生用の簡易てんびん・教師用＝同じ物で体積が違う物（写真８参照）・同体積で違う物質でできている物（写真９参照）

①いろいろな物を手で持って、どちらが重いか比べよう

②てんびんでどちらが重いか比べよう。

③「今日やったこと」をノートに書く

④つけたし

ア：同じ物でできていて、体積が違う物の重さを調べる。↙体積が大きい方が重い。

《写真６》

イ：違う物でできていて、体積が同じ物の重さを調べる。↙同体積でも重さが違う。

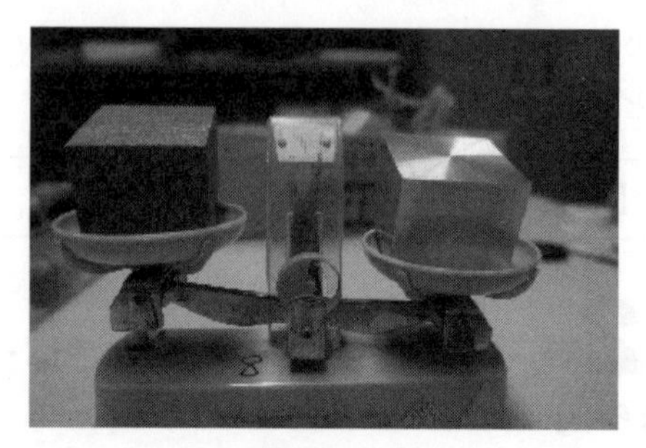

《写真７》

第4時　どちらが重い？②（算数）

【ねらい】 1つの物を使って、2つの物の大小を知ることができる（算数の間接比較）

【準備】 グループ＝トマト1個・バナナ1本・単1乾電池1個・簡易てんびん

①問題を出す。

T：バナナとトマトではどちらの重さが大きいかな？乾電池を使って調べられないでしょうか？みんな自分の考えを書いてみてください。

②実際にやってみる。

バナナ＞乾電池、トマト＜乾電池ならば、バナナ＞トマトである。

③「今日やったこと」をノートに書く。

第5時　どちらがどれだけ重い？①（算数）

【ねらい】 物の重さの大きさがどれくらい違うかは、ゼムクリップ、ビー玉などの数で知ることができる（算数・個別単位）

【準備】 グループ＝バナナ・トマト・ビー玉（複数）・色付きブロック（複数）・割り箸（複数）・数え棒（複数）・クリップ（複数）

①問題を出す。

T：バナナとトマトは、どちらがどれだけ重いか知るには、どうしたらよいでしょう。

C：画鋲何個分とかをやって、画鋲って全部同じ大きさでしょ？だからわかる。

②グループごとに次のような物を配り、バナナとトマト、どちらがどれだけ重いか調べる。

1班…ビー玉
2班…色付きブロック
3班…割りばし
4班…数え棒
5班…色付きブロック
6班…クリップ

2班と5班では、あえて同じものを用意し、6時間目の学習につなげる。

③グループの中で一番重い物は何個分の重さか調べる。

④「今日やったこと」をノートに書く。

第6時　どちらがどれだけ重い？②（算数）

【ねらい】 物の重さの大きさを表す単位がある。

【準備】 1円玉（2000枚ほどあるとよいが、1000枚はほしい）

①問題を出す。

T：前の時間に量った一番重いのは何だった？
1班…本、173個　2班…筆箱35こ　3班…折り畳み傘、165本　4班…算数ノート107個以上　5班…筆箱27個　6班…筆箱1975本

T：ということは、このクラスの中ではかった中で一番重かったのは6班の筆箱だね

C：ちがうちがう！

C：クリップは軽いし、ビー玉は重いし、軽いのは数が多くなるから、同じ物で量らないと、重さはわからない。

C：2班の筆箱と5班の筆箱は、同じブロックだから、重さ比べができる。2班が35個で5班が27個だから、2班の35個の方が大きい。

というような話し合いを通して「同じ物で量ると比べられる」という結論を出させ、重さの単位「g」が作られたことを教える。

②1円玉を使って、gを調べる。

1円玉1枚＝1gであることを話し、それぞれの班で一番重かった物の重さを量る。

③「今日やったこと」をノートに書く。

第7時　いろいろな物の重さを量ろう（算数）

【ねらい】 台秤でいろいろな物の重さを量ることができる。

【準備】 グループ数＝台秤（できれば1kgまでのもの）、油粘土

①台秤の使い方・読み方を確認する。

・台秤は平らな場所で使うこと
・台の上には静かに物を置くこと

②台秤を使って、物の重さを量る。

③油粘土で200gを作ってみよう。

④「今日やったこと」をノートに書く。

第8時　重い物の重さの単位（算数）

【ねらい】 1000g＝1kgである。

【準備】 教師用＝2Lのペットボトルに水が入ったもの（1900gになるようにしておく）　グループ用＝台秤（5kgまで量れるもの）

①水が入った2Lのペットボトルを台秤にのせ、1900gであることを確認する。

②1000g＝1kgであることを教える。水が入った2Lのペットボトルは1kg900gであることを確認する。

③いろいろな物の重さを量り、kgを使って記録する。

④「今日やったこと」をノートに書く。

第9時　kgをgに直す

【ねらい】 kgとgを使って、物の重さを表す。

①洋服を着たまま、体重を量ってみよう。

　教師が一人一人の体重を量ったら、その子のノートにgで書く（23400gのように）

②先生がgで書いた体重を、kgで書き直しましょう。

23400g＝23kg400g

③先生の体重をはかる。（○kg○○g）

先生の体重は何gかな？　　○○○○g

④ランドセルの重さをkgとgを使って表す。

空のランドセル（　）g＝（　）kg（　）g

中身があるランドセル（　　）g＝（　）kg（　　）g

⑤今日やったことをノートに書く。

第10時　髪の毛一本に重さはある？

【ねらい】 どんな小さなものにも重さがある。

【準備】 ストローてんびん1つ（写真8参照）・ホチキスの針

《写真8》

①上皿てんびんに乾電池をのせると上皿てんびんが傾くことから、乾電池に重さがあることがわかる。

②上皿てんびんにホチキスの針1本をのせても、てんびんが動かないことを見せる。

③課題を出す。

『ホチキスの針1本には重さがないのだろうか』

④〈自分の考え〉をノートに書き、話し合う。

C：迷っていて、ないっていうのは手で持っても感触はあるけど体積が小さいからあんまり重くないと思うけど、あるっていうのは前0.1gってあるの？っていっていて、1円玉は1gだから10こにわけたら0.1gであると思うから迷う。

C：ぼくには0.1があると思った。0.1cmとか0.1Lがあるから、重さもあると思うんだけど、0.1gは重さがあると思うんだけど、軽すぎて、そのてんびんは軽い重さでは動かないっていうんだと思う。

この単元の前に算数で「小数」の学習をしておくとよい。

C：ないと思う。なぜかというとホチキスの芯は軽いからないと思います。体積も小さいから。

C：50本つなげてあるんだから、1本でないのはおかしいと思います。1本で重さがないっていうなら重さは50本でもないと思います。

⑤ストローてんびんで重さがあるか確かめる。

　ホチキスの針をストローてんびんにのせると、ストローが傾くことから、重さがあることがわかる。髪の毛一本やほこりでもやってみる。

【子どものノートから】

○「ちっちゃい物は重さがあるかな」今日はて

んびんでホチキスの芯を量りました。でもてんびんは動かなかったです。それでホチキスの芯は重さがあるのかをやりました。自分の考えを書きました。ホチキスの芯をのっけたほうとのっけてない方は、芯が体積はちっちゃいし、手で持ってみても重さはわからないし、てんびんでやっても手で持った重さと変わらないから、重さはあるかわからないと思いました。てんびんでは量れなかったからストローてんびんを持ってきました。それで量ったら芯には重さがありました。なんで重いかわかったかは、下に下がると重くて、上に上がると軽いっていうことだから。最初髪の毛は手に持ってみても感じないから、重さはないと思ったけど、あったからびっくりしました。でも物は重さがないと、物がないことだから、ないとおかしい。

第11時　重さはたし算ができる

【ねらい】物の重さはたし算ができる。

【準備】20gの粘土玉（1つ）・10gの粘土玉（1つ）・ゴマ50g・塩20g・2Lペットボトル・水・カルピス

①「固体の重さ＋固体の重さ」たし算できる？
20gの粘土玉と、10gの粘土玉を合わせて1つの粘土玉にすると、何gになるか、台秤で確かめる。

②「粉体の重さ＋粉体の重さ」たし算できる？
ゴマを50gに塩を30g。この2つを合わせると、何gになるか、台秤で確かめる。

③「液体の重さ＋液体の重さ」たし算できる？
ペットボトルと水の重さを合わせて106gに、200gのカルピスを入れると何gになるか、台秤で確かめる。

④「今日やったこと」をノートに書く。

※この後「給食を食べたら、食べた分体重が増えるかな」と聞き、教室に体重計を置いておく。

第12時　金魚の体重は？

【ねらい】物の重さは、物が出た分だけ小さくなる。

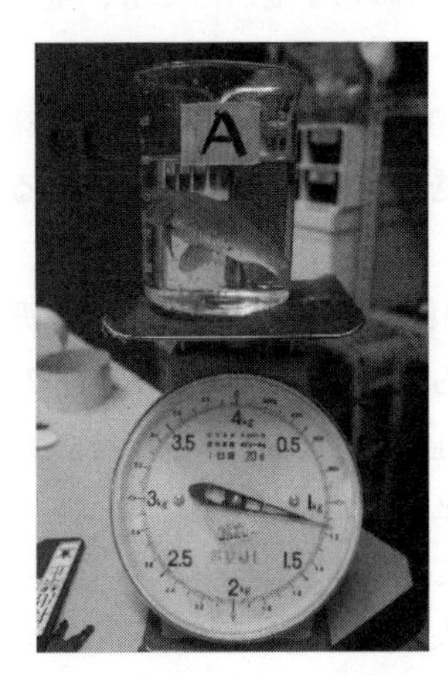

【準備】500mLビーカー2つ・金魚1匹・金魚をすくう網

①金魚の体重をどうやって量ったらいいか話し合う。

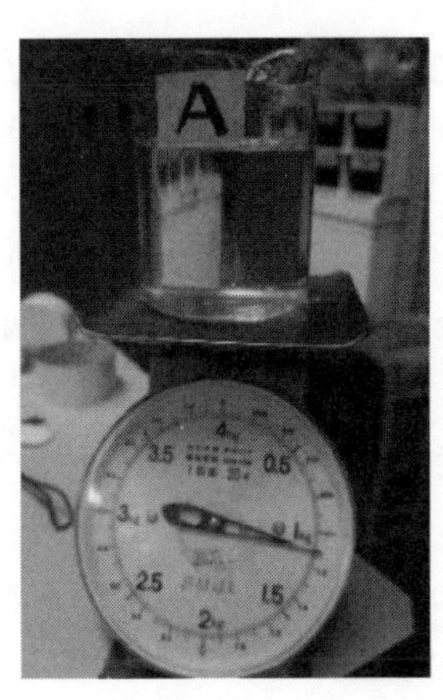

②Aのビーカーから Bのビーカーに金魚を移し、金魚がいなくなったAのビーカーの重さを量れば、金魚の重さがわかることを確認。

③金魚がいないAのビーカーの重さを量り、軽くなった分が金魚の体重である。

④「今日やったこと」をノートに書く。

第13時　丸い粘土を細長くしたら重さはどうなる？

「重さはたし算ができること」だから「減らした分重さも減ること」を11・12時間目で学習してきた。このことを使えば「粘土の変形」は、たしても減らしてもいないのだから重さは変わらないと考えられる。

【ねらい】 物の形が変わっても、重さは変わらない。

【準備】 200gの粘土玉・台秤・体重計

①粘土玉を台秤にのせ、200gであることを確かめる。

②200gの粘土玉を細長くしたり、細かくしたりしても200gのままでしょうか？

T：粘土玉の形を細長くしたら、200gのままかな？

C：迷っています。体積は大きくなったけど重さは大きくなったかわからないから。

C：置き方によって重さが違うかもしれない。

C：のばすと体積が倍になるから重さも倍になると思います。

C：それはあのかたまりからのばしているだけだから倍になってない。のばしただけ。つけたしたり、けずったりしたわけではない。

T：もう200gのままという意見なのね？

C：そう。たしたり削ったりしてない。体積の形が変わっただけで、重さは変わらないと思う。

C：形を変えたとしても、何も足してないから変わらない。

C：体積の形がかわっても変わらないから、200gのまま。

台秤にのせ、200gのままであることを確認。

③体重計に乗って、どんな態勢になっても体重は変わらないことを確かめる。

④「今日やったこと」をノートに書く。

4. 本単元設定の背景

物の形を変えても、水に沈めても、浮かべても重さは変わらず、保存されます。物の重さは保存されるから、物の重さが変わると物の出入りがあったことがわかります。つまり加法性が成り立つのです。こうした概念を獲得させる学習が「物の重さ」の学習になります。そして、「物の出入りがあるときだけ物の重さは変わる」という概念は、４年生の「温度と体積」や５年生の「溶解」、６年生の「燃焼」の学習にもつながる重要な学習です。本来なら４年生で学習すると、他の単元で使える知識となるでしょう。

しかし、学習指導要領では３年生の理科と算数で「重さ」の学習が扱われています。理科では、物の重さは形を変えても重さは変わらない「保存」を、算数では単位の導入から加法性について学びます。

「保存」と「加法性」が教科をまたぎ、学ぶ時期も違います。先述のように保存と加法性は本来ひとまとまりの概念です。ですから、理科と算数の合科で取り組む方が理解が深まると考えました。

重さがあるということは、体積もあるということです。理科の教科書では、体積について言葉で簡単に説明されるだけなので、実際に液体や固体のものを見せて、物のかたまりの大きさが体積であることを学習させる必要があるでしょう。

３年生と４年生では認識の仕方が異なります。３年生は「アルミニウムを変形させても重さは変わらない」「鉛を変形させても重さは変わらない」など、個別的な認識をします。４年生以降だとこれらの事実から、「物は変形しても重さは変わらない」という一般化を行うことができるようになります。ですから３年生では「物の重さ」に関わる具体的な事実（指導計画参照）を一つひとつ個別的に捉えさせることを中心にします。

ただ、３年生で学習したことが４年生以降の学習で使える知識になるとは限りません。やはり４年生では重さに関わる複数の事実から一般化を促し、「物の重さの法則や概念」を獲得させ、他の単元でも法則や概念を使えるような学習に取り組む必要があると考えます。

【参考文献】

・「ものの体積と重さ」指導案
足立理科サークル　江川 多喜雄

・「物の重さ」高橋 真由美
〈「足立・岐阜理科サークル実践記録集」
第12巻（2003年）収録〉

◆おわりに◆

３年生はまだ、自然界を理解するにあたっては“個別認識”の段階です。例えば、アブラナは花が咲いた後に実（種）ができた、ヒマワリは花が咲いた後に実（種）ができたなどいくつかの植物の育ち方を確認したとします。４年生くらいになれば、そうしたいくつかの事実をつなげて「植物は花から実（種）ができる」と一般化できます。しかし３年生ではまだ、アブラナはアブラナ、ヒマワリはヒマワリと、個別に認識する段階なのです。

同時に、１・２年生のときに比べれば大変活動的になり、知りたがり、やりたがりの時期です。

そんな３年生を念頭に、理科の授業づくりに役立ててほしい工夫満載の授業記録を集めてみました。近年の月刊『理科教室』※の記事を元に、よりわかりやすく加筆改訂し、構成を整理しました。授業の準備に、授業づくりの参考に、どうぞご活用ください。

●もし、困ったことがありましたら、下記連絡先までお気軽にどうぞ。

進め方や教材など、ご相談にはできる限り応じさせていただきます。

また、私たちが参加している民間の理科教育研究団体・科学教育研究協議会（科教協）のホームページのトップ画面一番下にあるカレンダーには、全国のサークルの例会情報が載っています。参加できそうなサークルがありましたら、ぜひお越しください。初歩的なことでも、ご相談に乗れます。

科教協HP：https://kakyokyo.org

※『理科教室』（本の泉社）は、民間の理科教育研究団体である科学教育研究協議会（科教協）の委員会が責任編集する月刊誌です。

◎授業づくりシリーズ『これが大切　小学校理科○年』編集担当

小佐野正樹：６年の巻
玉井　裕和：５年の巻
高橋　　洋：４年の巻
堀　　雅敏：３年の巻《本巻》
佐久間　徹：１＆２年の巻（生活科）

◎連絡先（困りごとやご相談など）

授業の進め方、教材など困ったことがあれば、初歩的な質問でも、お気軽にどうぞ。

【郵便・電話の場合】　下記「本の泉社」宛に伝言やFAX で。
【メールの場合】taiseturika@honnoizumi.co.jp
【科教協ホームページ】https://kakyokyo.org
このホームページには、研究会や全国のサークル情報を掲載しています。

◎出版　本の泉社
〒113-0033　東京都文京区本郷2-25-6-1
mail@honnoizumi.co.jp
電話03-5800-8494　FAX03-5800-5353

授業づくりシリーズ
これが大切　小学校理科３年

2018年12月13日　　初版　第１刷発行©

編　集　堀 雅敏

発行者　新船 海三郎

発行所　株式会社 本の泉社
〒113-0033 東京都文京区本郷2-25-6
TEL. 03-5800-8494　FAX. 03-5800-5353
http://www.honnoizumi.co.jp

印刷　日本ハイコム株式会社

製本　株式会社 村上製本所

表紙イラスト　辻 ノリコ

DTP　河岡 隆（株式会社 西崎印刷）

ISBN978-4-7807-1677-1　C0040

本質的な理科実験

金属とイオン化合物がおもしろい

金属というものは、とても奥が深く、語り尽くすことができません。それだけに、子どもにとっては年齢に応じて、そう、——保育園児から大学院生まで——多様な働きかけができるのです。子どもは針金を叩いたり、アルミ缶を磨いたりするのが大好きです。きっと精いっぱい手を動かすことで、頭もはたらき人間としての発達をかちとっていくからでしょう。このことを自然変革といいます。これがないと子どもは人間として一人前に育っていきません。子どもがはたらきかける対象として金属は最も優れた教材です。(『この本を手にされたみなさんへ』より一部抜粋)

前田 幹雄：著

B5判並製・192頁・定価：1,700円(＋税)

ISBN：978-4-7807-1633-7

元素よもやま話　—元素を楽しく深く知る—

私たちのまわりにある、あらゆる物質や生物はすべて「元素」の組み合わせ　でできています。私たち自身の体も、「炭素」、「酸素」、「水素」といった元素　を中心に形作られています。その「元素」は、人工的に作られたものを除くと、たかだか100種類にも満たない数しかありません。それらの元素が、くっついたり離れたりして、世界を形作っています。(はじめにより)

馬場 祐治：著

A5判並製・232頁・定価：1,600円(＋税)

ISBN：978-4-7807-1292-6

エックス線物語　—レントゲンから放射光、X線レーザーへ—

本書は教科書や解説書ではなく、一般の人に「X線とは何か」ということについてある程度のイメージをつかんでいただくために書かれた「物語」です。ときには科学とあまり関係のない話も出てきます。ですから、あまり肩肘張らずに、気軽に読み進んでいただけると幸いです。

馬場 祐治：著

A5判並製・176頁・定価：1,600円(＋税)

ISBN：978-4-7807-1689-4

本の泉社　〒113-0033 東京都文京区本郷 2-25-6　http://www.honnoizumi.co.jp/
TEL.03-5800-8494　FAX.03-5800-5353　mail@honnoizumi.co.jp